수학영재 핵심 용어 해설 3

논리·자료와 가능성 영역

류성림 · 이종학 · 박기훈 · 지경구 지음

KM 경문사

머리말

저자들은 2002년 영재교육진흥법이 제정된 이후에 많게는 17년, 적게는 10년 이상 영재교육을 하면서 수학영재들과 지도교사에게 필요한 것이 무엇인가를 고민하게 되었습니다. 장고 끝에, 수학영재 프로그램과 관련된 기본적인 용어를 필요하면 언제든지 찾아볼 수 있는 사전과 같은 서적이 필요하지 않을까 하는 생각에 이 책을 출간하게 되었습니다.

책을 출간하면서 구성에 대해 많은 고민을 하였습니다. 분량이 적절하면서 쉽게 읽고 이해할 수 있는 책으로 방향을 정하고, 용어의 명료한 정의, 필요성 또는 역사적 배경, 용어와 관련한 예제 중심의 내용 탐구를 다루면서, 마지막에는 도전 문제로 마무리할 수 있도록 하였습니다. 다시 말하면 사전식 설명에 학습서의 성격을 갖춘 책이라 볼 수 있습니다.

예를 들면, '비둘기집 원리'의 구성을 살펴보겠습니다.

<비둘기집 원리란?>에서는 비둘기집 원리의 개념을 예를 들어 간단명료하게 설명하였습니다. 용어의 경우 필요하면 영어와 한자를 병용하여 나타내기도 하였습니다. <비둘기집 원리의 유래>에서는 비둘기집 원리를 사용한 수학자와 그때 사용한 용어 등 역사적 유래에 대해 소개하였습니다.

<비둘기집 원리 탐구>에서는 비둘기집 원리의 가장 기본적인 개념부터 활용 방법 및 다양한 활용 예들로 탐구 활동을 구성하였습니다. 탐구 활동에는 '❶ 개수와 관련된 비둘기집 원리', '❷ 비둘기집 원리 활용 방법', '❸ 비둘기집 원리를 활용한 예 1', '❹ 비둘기집 원리를 활용한 예 2', '❺ 비둘기집 원리를 활용한 예 3'의 내용이 소개되어 있습니다.

<Challenge>에서는 앞의 탐구 활동을 통해 배운 원리를 이용하여 도전 문제로 확인해봅니다. 탐구 활동 내용을 이해했다면 누구나 쉽게 해결할 수 있는 수준의 문제와 창의성이 요구되는 고난도의 문제를 적절히 안배하여 영재들의 호기심과 도전 정신을 일깨우려고 하였습니다. 물론 '답안지'는 바로 다음 쪽에서 제시하여 틀린 문제는 즉석에서 바로 검토할 수 있도록 배려하였습니다.

수학영재의 특성 중에 뛰어난 암기력이 있기는 하지만 수학 내용을 무조건 암기하기보다는 이해를 바탕으로 하여 새로운 문제에 적용하는 습관을 갖지 않으면 장기적으로 수학을 잘할 수 없다는 것은 널리 알려진 사실입니다. 이 책과 같이 개념과 원리에 대해 예를 중심으로 정의와 방법을 학습하고 확인하는 습관을 갖는다면 수학영재로서 창의적이고 좋은 문제해결자가 되리라 생각합니다.

영재교육원이나 영재학급에 다니는 학생이든 혼자서 독학을 하는 영재이든 이 책을 옆에 두고 언제든지 필요할 때 활용한다면 성공적인 학습자가 되리라 믿습니다.

물론 이 책은 영재 학생들만을 위한 것은 아닙니다. 영재를 지도하는 교사도 이 책을 활용한다면 보다 좋은 영재지도교사가 될 것이라 확신합니다. 이 책은 수학영재 핵심용어 해설의 시리즈로서 이미 발간된 ❶권의 '수와 연산 영역', ❷권의 '도형 영역'에 이은 ❸권으로 '논리·자료와 가능성 영역'에 대한 내용을 정리해 놓은 것입니다. 시리즈 세 권을 모두 탐독한다면 여러분들의 성장에 밑거름이 되리라 확신합니다.

끝으로 이 책을 출간하는 데 도움을 수신 경문사 가족 여러분들에게 감사의 말을 전합니다.

2019년 4월

저자 일동

차례

주제별

차례

논리

규칙성과 함수

■ 자료와 가능성

01 경우의 수(number of cases)

■ 수학영재 핵심 용어 해설 3 : 논리 · 자료와 가능성 영역

경우의 수란?

어떤 일(사건)이 일어날 수 있는 경우의 가짓수를 수로 표현한 것입니다. 어떤 사건이 일어날 수 있는 가짓수가 n이라고 할 때, 이 사건의 경우의 수를 n이라고 합니다.

경우의 수는 왜 필요할까?

경우의 수는 확률과 밀접한 관계를 가지는데, 이는 각 사건이 일어날 확률들의 관계를 알 수 있다면 경우의 수를 통해 확률을 구할 수 있기 때문입니다.

합의 법칙

보이지 않는 주머니에 1부터 20까지 20장의 수 카드가 있습니다. 여기서 다음과 같은 방법으로 하나를 꺼내려고 합니다.
(1) 5의 배수 혹은 7의 배수가 나올 수 있는 경우는 모두 몇 가지일까요?
(2) 3의 배수 혹은 4의 배수가 나올 수 있는 경우는 모두 몇 가지일까요?

문제 (1)번의 경우는 5의 배수를 뽑는 사건 A와, 7의 배수를 뽑는 사건 B가 있습니다. 이때, 각각의 사건 A, B가 일어날 경우의 수를 $n(A)$, $n(B)$라고 기호로 표현합니다. 먼저 처음 5의 배수를 뽑을 경우는 5, 10, 15, 20이 있을 수 있으므로 5의 배수를 뽑는 경우의 수는 $n(A)=4$가 됩니다. 7의 배수를 뽑을 수 있는 경우는 7과 14를 뽑을 수 있기 때문에 $n(B)=2$가 됩니다. 그렇다면 총 뽑을 수 있는 경우는, $n(A)$와 $n(B)$를 더해서 $n(A)+n(B)=6$가지가 됩니다.

그런데 문제 (2)번의 경우, 3의 배수를 뽑을 경우의 수를 $n(C)$, 4의 배수를 뽑을 경우를 $n(D)$라고 합시다. 그럼 3의 배수는 3, 6, 9, 12, 15, 18이 존재하므로 $n(C)=6$이고, 4의 배수를 뽑을 확률 $n(D)$는 4, 8, 12, 16, 20 $n(D)=5$이므로, 총 경우의 수를 구하면 $n(C)+n(D)=6+5=11$이라고 생각할 수 있습니다. 그런데 3의 배수가 나올 경우에서도 12라는 숫자가 있고, 4의 배수를 뽑을 수 있는 경우에서도 12가 있습니다. 즉, $n(C)$와 $n(D)$에서 각각 12라는 숫자를 두 번 중복해서 계산했기 때문에 1번을 빼야 합니다. 따라서 뽑을 수 있는 총 경우는 $6+5-1=10$(가지)이 됩니다.

위의 문제 (2)번과 같이 두 원소가 겹치는 상황을 $A\cap B$라고 표현합니다. 먼저 위의 첫 번째 문제와 같이 A와 B의 각 원소가 서로 겹치는 상황이 없을 때, 즉 집합 A와 B의 두 원소가 서로 겹치는 원소가 하나도 없다는 것은 공집합 $\varnothing$임을 의미하는 것이고, 또한 그런 공통의 원소의 개수는 존재하지 않는 것을

$$A\cap B=\varnothing,\ n(A\cap B)=0$$

이라고 표현합니다. 그리고 이러한 상황에서 A와 B는 서로 '배반사건'이라고 부릅니다.

일반적으로 어떤 상황 A 또는 B가 일어날 경우의 수를 집합 기호로 $A\cup B$라고 나타냅니다. 이때, A가 일어날 경우의 수를 $n(A)$, B가 일어날 경우의 수를 $n(B)$라고 하면, A와 B가 배반 사건인 경우에

$$n(A\cup B)=n(A)+n(B)$$

입니다.

배반사건이 아닌 경우에 $n(A\cup B)$를 구하기 위해서는 중복되는 사건을 빼주어야 합니다. 즉, A와 B가 배반 사건이 아닌 경우에

$$n(A\cup B)=n(A)+n(B)-n(A\cap B)$$

입니다. 따라서 위의 문제 (2)번에서 각각의 원소가 겹치는 경우가 존재하므로 $C\cap D\neq\varnothing$으로 $n(C\cap D)=1$입니다.

곱의 법칙

> 모자 4종류, 티셔츠 3종류, 바지 2종류가 있습니다. 이들을 이용하여 코디를 할 수 있는 경우는 모두 몇 가지일까요?

먼저 티셔츠와 바지를 입을 수 있는 경우를 생각합니다. 티셔츠 1종류를 고르면 다른 티셔츠를 고를 수 없습니다. 이 규칙을 유지하고 바지를 고를 수 있습니다. 티셔츠를 하나씩 고를 때마다 바지를 선택할 수 있는 경우는 각각 2가지씩이므로 고를 수 있는 총 경우의 수는 $2+2+2=2\times3=6$(가지)입니다. 이 경우를 이용하여 곱의 법칙을 정의할 수 있습니다.

즉, 어떤 사건 A가 일어날 경우가 m(가지)이고, 또 다른 사건 B가 일어날 경우를 n(가지)라고 할 때, 사건 A와 사건 B가 동시에 발생하게 될 경우의 수는

$$m\times n(\text{가지})$$

입니다. 모자까지 동시에 코디를 할 때는 다음과 같이 수형도를 이용하면 간단히 해결할 수 있습니다.

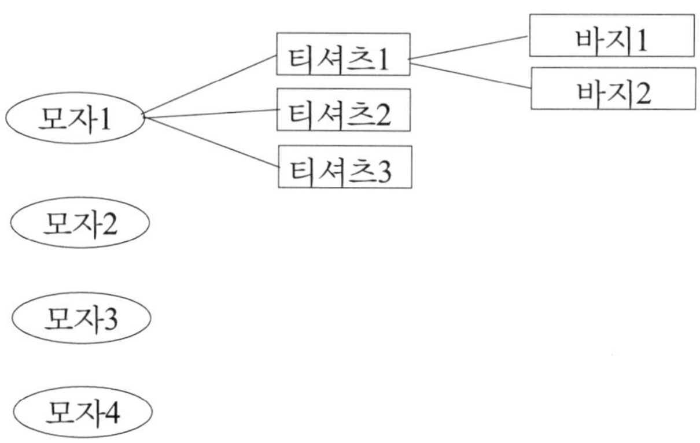

모자 2, 3, 4의 경우도 마찬가지이므로 곱의 법칙에 의해 코디할 수 있는 경우의 수는 $4\times3\times2=24$가지

〈'합의 법칙'과 '곱의 법칙'의 차이점?〉

사건 A가 일어날 경우가 m가지, 사건 B가 일어날 경우가 n가지라고 할 때

사건 A 또는 B가
일어날 경우의 수는

$m+n$(가지)

단, 사건 A, B는 서로 배반사건

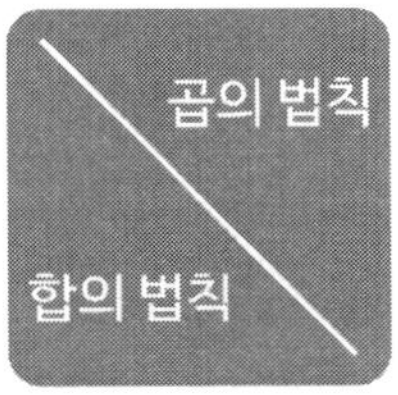

사건 A 그리고 B가
동시에 일어날 경우의 수는

$m \times n$(가지)

순서가 있는 경우의 수

A, B, C, D 네 명이 달리기를 하려고 합니다. 이때, 순위가 결정될 수 있는 방법은 모두 몇 가지일까요?

먼저 4개의 빈 칸을 그립니다. 그 다음 등수를 아래에 씁니다.

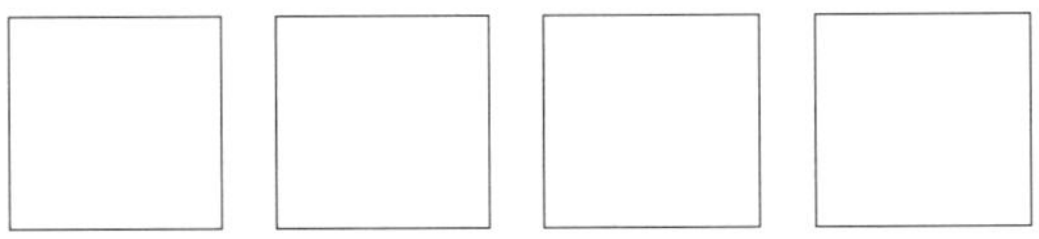

1등 2등 3등 4등

A, B, C, D 네 명 중에서 누구나 1위 후보가 될 수 있습니다. 그러므로 달리기에서 1등을 할 수 있는 경우의 수는 4입니다. 그럼 1등이 되는 순간을 생각해봅시다. 이때, 나머지 사람이 2등이 될 수 있는 경우의 수는 몇 가지가 될까요? 1등을 한 누군가를 뺀 3명, 3가지의 경우의 수가 존재합니다.

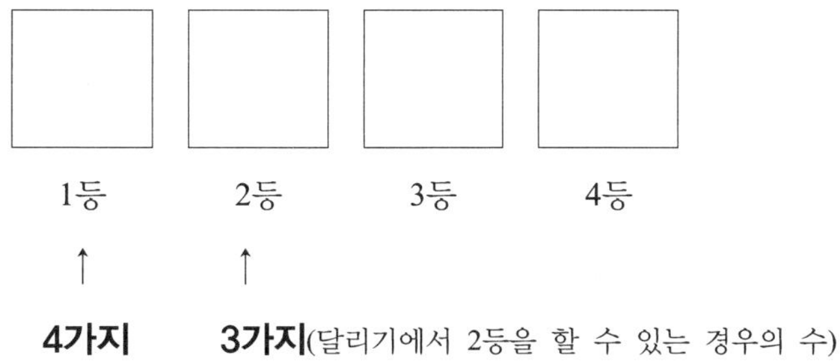

그럼 3등을 할 수 있는 경우의 수는 몇 가지일까요? 이미 2명의 참가자가 1등과 2등을 했기 때문에 남은 인원 2명, 2가지의 경우밖에 없습니다. 즉, 3등의 경우의 수는 2가지입니다. 4등의 경우의 수는 자동으로 1가지입니다. 따라서 동시에 일어나는 사건이므로 곱의 법칙이 적용되어 $4\times3\times2\times1=24$가지가 됩니다.

대표 뽑기

(1) 7명의 학생 중에서 1명을 회장, 1명을 부회장으로 뽑는 경우는 모두 몇 가지일까요?
(2) 7명의 학생 중에서 2명을 방송부원으로 뽑는 경우는 모두 몇 가지일까요?

문제 (1)번을 해결하기 위해 먼저 7개의 빈 칸을 그립니다. 그 다음 회장, 부회장을 씁니다. 회장과 부회장을 뽑는다는 것은 학생들을 1~7까지 숫자로 표현할 때, 결국 7명의 학생 중 첫 번째, 두 번째 순위를 결정하는 것과 같습니다. 즉 1, 2, 3, 4, 5, 6, 7 중에서 맨 앞의 두 자리에 숫자를 배치하는 경우의 수와 같습니다. 따라서 회장이 될 수 있는 경우의 수는 7입니다. 그 다음 경우는 1명이 결정되었으므로 나머지 6명이 부회장이 될 수 있는 경우의 수가 됩니다. 그리고, 이때 회장과 부회장을 뽑는 경우는 연속적인 사건입니다. 즉, 사건이 동시에 일어나야 하므로 곱의 법칙을 이용하면, $7\times6=42$(가지)입니다.

문제 (2)번은 직책의 구분이 없습니다. 즉, 방송부원 2명을 뽑는 것입니다. 문제 (1)번과 차이는 무엇일까요? 다음 그림을 보고 위의 문제 (1)번에서 제시한 상황과의 차이점을 생각해봅시다.(7번과 3번이 뽑혔다고 가정합시다.)

7번	3번			…
회장	부회장			

회장, 부회장을 뽑는 경우

3번	7번			…
회장	부회장			

회장, 부회장을 뽑는 경우

7번	3번			…
방송부원	방송부원			

방송부원을 뽑는 경우

3번	7번			…
방송부원	방송부원			

방송부원을 뽑는 경우

위의 그림과 같이 직책이 구분되어 있지 않은 경우의 수를 계산할 때 뽑히는 사람의 위치가 바뀌는 것은 고려해야 할 매우 중요한 포인트입니다. 즉, 회장, 부회장이 나와서 차례대로 줄을 서는 경우에는 회장이 먼저 서고 부회장이 서는 것과 부회장이 먼저 서고 회장이 서는 것은 다른 경우이지만, 방송부원 2명이 차례로 줄을 서는 경우에는 어떤 순서로 서느냐를 고려할 필요가 없습니다. 따라서, 이처럼 구분이 없이 뽑는 경우는 결국 순서를 바꿔서 서는 것이 의미가 없으므로, 문제 (2)번에서의 경우의 수는 $\frac{7\times6}{2}=21$ (가지)입니다.

이제 다음 문제를 풀어봅시다.

> 8명의 학생 중에서 3명을 방송부원으로 뽑는 경우의 수는 모두 몇 가지일까요?

8×7×6을 곱한다는 것은 알 수 있습니다. 즉, 8명 중에서 1, 2, 3등을 뽑는 경우의 수라고 생각한다면 1등에 올 수 있는 것이 8가지, 2등이 7가지, 3등이 6가지이고, 이 사건들은 모두 연속적으로 일어나므로 모두 곱하면 됩니다.

그러고 나서 위의 문제 (2)번과 같이 3으로 나누면 될까요? 아닙니다.

그렇다면 이 문제는 나누는 수가 왜 3이 아닐까요? 이 문제에서는 만약 1, 2 ,3이라는 친구들이 뽑힌다면, 직책의 구분이 없으므로 다음과 같이 다시 이들을 나열할 수 있는 모든 경우를 계산하여야 합니다.

$$(1,\ 2,\ 3),\ (1,\ 3,\ 2),\ (2,\ 1,\ 3),\ (2,\ 3,\ 1),\ (3,\ 1,\ 2),\ (3,\ 2,\ 1)$$

이렇게 모두 6가지가 있습니다. 이 규칙은 결국 다시 3명의 뽑혀진 순위를 일렬로 나열하는 것과 같습니다. 즉, $3\times2\times1=6$가지가 됩니다. 다시 말해, 각 경우에 대해 모두 6가지의 경우가 나타나는 것이므로 이 문제에서는 3으로 나누는 것이 아니라 $3\times2\times1$로 나누어서 $\frac{8\times7\times6}{3\times2\times1}=56$(가지)가 됩니다.

경우의 수를 계산할 때, 위의 문제에서 회장과 부회장을 뽑는 것과 같이 순서를 고려해서 r개를 뽑는 경우를 '순열(permutation)'이라고 하고, 방송부원을 뽑는 것과 같이 순서를 고려하지 않고 뽑는 것을 '조합(combination)'이라고 합니다.

참고문헌

리핑 마(2002). 초등학교 수학 이렇게 가르쳐라. 서울: 승산.

Challenge

1) 숫자카드 3, 0, 7, 1이 있습니다. 여기서 숫자카드 3장을 사용하여 세 자리 수를 만들려고 할 때 만들 수 있는 경우의 수는 모두 몇 가지일까요?

2) 위의 숫자카드를 이용해서 홀수인 네 자리 수를 만들려고 할 때 만들 수 있는 경우의 수는 모두 몇 가지일까요?

3) 만일 15명 중에서 4명의 책임자를 뽑는다면, 경우의 수는 모두 몇 가지일까요?

4) 장난감 8개를 1개, 3개, 4개로 나눌 수 있는 경우의 수는 모두 몇 가지일까요?

답안지

1) 18가지

백의 자리에 0이 아닌 어떤 숫자가 왔다면 그 다음 자릿수는 경우의 수가 하나 줄어들 것이라고 생각할 수 있지만, 대신 0을 사용할 수 있기 때문에 경우의 수는 같습니다. 즉, 십의 자리의 경우의 수도 백의 자리와 같은 3가지입니다. 그리고 일의 자리의 경우의 수는 2가지입니다. 따라서 $3\times3\times2=18$가지입니다.

2) 12가지

1−0−3−7　3−0−1−7　7−0−1−3

1−0−7−3　3−0−7−1　7−0−3−1

1−3−0−7　3−1−0−7　7−1−0−3

1−7−0−3　3−7−0−1　7−3−0−1

3) 1365가지

4명의 직책 구분이 없는 상황입니다. 따라서 4명을 순서대로 뽑는 경우의 수는 $15\times14\times13\times12$이고 그 4명을 일렬로 나열하는 경우는 $4\times3\times2\times1$이 되므로 4명을 뽑는 경우의 수에서 중복되는 경우인 24로 나누어 주면 됩니다.

$$\frac{15\times14\times13\times12}{4\times3\times2\times1}$$

4) 280가지

1개, 3개, 4개의 3구간으로 구분하기 위해서 각 구간을 A, B, C라 합시다. 맨 처음 A 구간에 장난감 1개를 배치할 수 있는 경우의 수를 계산해봅시다. 모든 가능한 사건들을 나열하는 것이 경우의 수이므로 8가지입니다. 1개의 장난감이 선택되었으므로 이에 B 구간을 배치하기 위해서 나머지 7개의 장난감 중에서 3개를 고르면 되는 거니까 $\frac{7\times6\times5}{3\times2\times1}=35$입니다. 즉 A 구간에서 장난감 1개를 고르고, 그 다음 3개를 고르는 작업을 하는 것입니다. 이때 C 구간은 A와 B 구간이 정해지면 자동으로 결정됩니다. 그리고 A와 B 구간에 대한 두 사건은 동시에 연달아서 일어나므로 곱의 법칙을 써야 하고, 따라서 경우의 수는 $8\times35=280$가지입니다.

02 그래핑 계산기

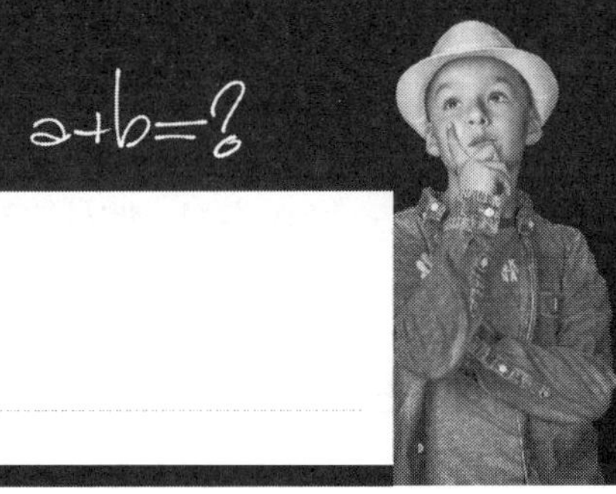

그래핑 계산기란?

일반적으로 숫자, 그래프, 기호, 논리 연산 등을 수행하는 대수적 기호 조작이 가능한 CAS(Computer Algebra Systems)형 그래핑 계산기를 말합니다. 그래핑 계산기는 기종이 다양하지만, 대표적으로 TI－92 Plus와 Voyage 200 등이 있습니다.

그래핑 계산기의 교육적 효과

일반적으로 그래핑 계산기는 다음과 같은 장점을 가지고 있으며, 영재교육에서 대수와 함수 영역 지도에 주로 활용됩니다(신동선, 류희찬, 1998).

❶ 그래핑 계산기는 수업 과정을 개선할 수 있습니다.

수업에서 기능이나 개념을 지도한 후에 응용문제를 다루는 것이 아니라 그래핑 계산기를 활용하여 응용문제를 먼저 소개함으로써 영재 학생들이 학습할 내용을 보다 의미 있게 파악할 수 있도록 합니다.

❷ 그래핑 계산기는 대수적 변환 및 조작 기능을 익히는 데 소비되는 시간을 절약하여 문제해결과 응용 중심의 수업을 진행할 수 있습니다.

영재 학생들에게 탐구형(open－ended) 문제를 해결하기 위하여 다양한 표현을 사용할 수 있습니다. 이때, 시각적인 표현은 대수적인 식에서 문제해결자의 관심을 문제해결의 각 단계에 내재된 성질을 탐구할 수 있도록 해주는 역할을 갖습니다.

❸ 그래핑 계산기는 역동적인 그래프로 양적인 관계를 표현함으로써 대수 학습을 의미 있게 해줍니다.

그래핑 계산기는 표상체계 사이의 연결성을 시각적으로 제공하여 이전의 지필 방법으로는 힘들었던 대수와 함수에 대한 직관력을 길러줄 수 있으며, 학습 내용의 의미를 용이하게 파악할 수 있도록 해줍니다. 다중 표현이 가능한 그래핑 계산기는 함수의 수치적, 기호적, 그래프적인 측면에서 조작할 수 있고, 이 측면들의 조작 결과와 상태를 탐구할 수 있도록 해줍니다.

그래핑 계산기 TI－92 Plus의 개요

대부분의 그래핑 계산기들은 간편하게 휴대하여 어디서나 사용할 수 있고, 직접 조작이 가능합니다. 그래핑 계산기인 TI－92 Plus의 외형은 다음 그림과 같습니다.

<그래핑 계산기 TI－92 Plus>

1 TI－92 Plus의 특징

- TI－92 Plus의 그래핑 링크(Graph Link)를 이용하여 컴퓨터와 연결할 수 있고, 그래프, 도형, 그림을 인쇄할 수 있습니다.
- 문자식의 계산, 인수분해, 전개, 방정식의 해를 자동화된 절차에 의해 손쉽게 계산해 주고 그 결과를 바로 화면에 표현해 줍니다.
- 탐구형 소프트웨어인 Geometer's Sketchpad, Cabri Ⅱ, Symbolic Math Guide가 내장되어 있습니다.
- 직교좌표와 극좌표 표현이 가능하고, 매개변수 함수와 3차원 함수의 그래프도 그릴 수 있습니다.
- 행렬 계산, 데이터 분석이 가능합니다.
- 실제 데이터를 수집할 수 있는 C.B.R(Calcurator Based Ranger System) 및 C.B.L (Calculator Based Laboratory System)을 연결하여 실생활의 여러 데이터를 분석하는 기능을 활용하여 실생활의 문제를 모델링하는 것이 가능합니다.

2 키보드

- 기능키 : F1～F8까지의 기능키를 이용하여 각 Toolbar menu를 pull－down으로 볼 수 있습니다
- 키보드 : 컴퓨터와 같은 키보드 순서로 배열이 되어 있습니다.
- Calculator Keypad : 개별 함수 및 수치 연산을 수행합니다.

3 Application 단축키

키 ◆와 함께 클릭하면 주로 사용하는 Application을 불러내는 기능을 수행합니다.

4 Cursor Pad

컴퓨터 마우스와 유사한 이동 기능을 제공하며, 8방향으로 움직임이 가능합니다.

5 화면

화면을 수직 또는 수평으로 분할할 수 있어서 두 화면을 동시에 보면서 수학적 내용을 비교 · 분석하는 학습이 가능하고 동시에 다른 표상을 관찰할 수 있으며, 표상 간의 이동을 할 수 있습니다.

그래핑 계산기의 기본적인 기능

1 기본키

key	기능	key	기능
ON	켜짐	(-)	음수와 마이너스의 기호
Esc	기능의 취소	←	컴퓨터의 back space와 동일
Enter	식의 입력이나 기능의 실행	APPS	9개의 Screen type의 선택
◆	초록색 key와 함께 사용	MODE	환경설정
2nd	노란색 key와 함께 사용	⇧	컴퓨터의 shift와 동일

2 기본 APPLICATION

APPS을 누르면 나타나는 기본 Application은 다음과 같습니다.

- Home Mode: 식과 명령을 입력하여 계산을 하게 하는 모드입니다.
- Y=Editor: 그림을 그리기 위해서 함수나 방정식을 정의하거나 편집, 선택하는 모드입니다.
- Window Editor: 그래프를 보기 위해 화면을 설정하는 모드입니다.
- Graph: 그래프를 그려주는 모드입니다.
- Table: 입력 함수에서 변수의 관계를 대응표로 보여주는 모드입니다.
- Data/Matrix Editor: 통계 계산이나 그래프에서 자료를 입력하는 모드입니다.

- Program Editor: 프로그램과 함수를 입력하고 편집하는 모드입니다.
- Geometry: 도형을 작도하고 변환·분석하는 모드입니다.
- Text Editor: 텍스트를 편집합니다.
- Numeric Solver: 수치 해석을 수행합니다.

그래핑 계산기의 활용

❶ 영역에 따른 그래프의 모양 탐색

입력	그림
영역$[-10,10]\times[-10,10]$에서 $y=x^2-17x+20$의 그래프	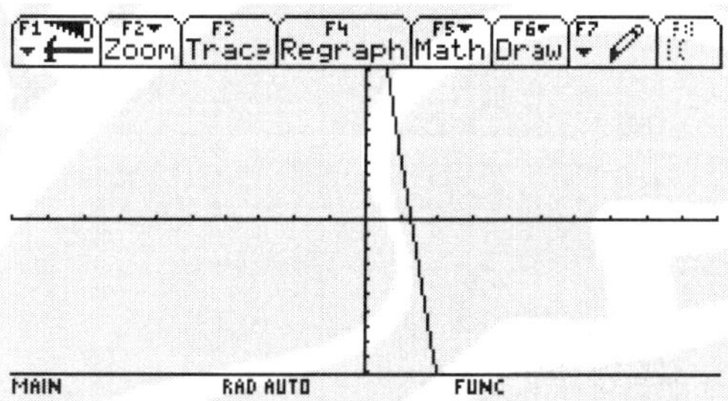
영역$[0,22]\times[-60,10]$에서 $y=x^2-17x+20$의 그래프	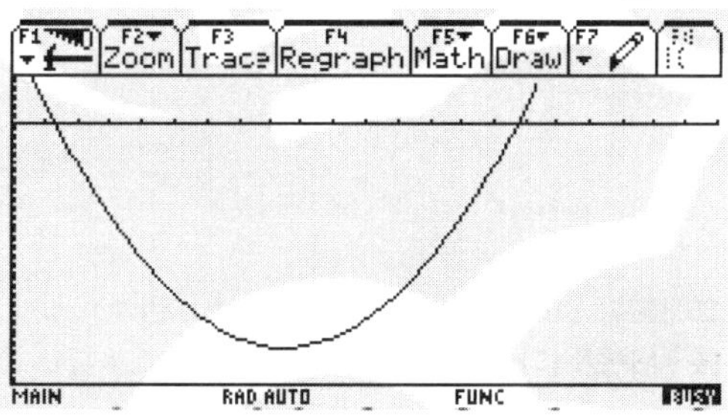

2 수 12의 약수에 대한 탐색

입력	그림
곱해서 12가 되는 쌍을 Data Mode의 c1, c2에 저장합니다.	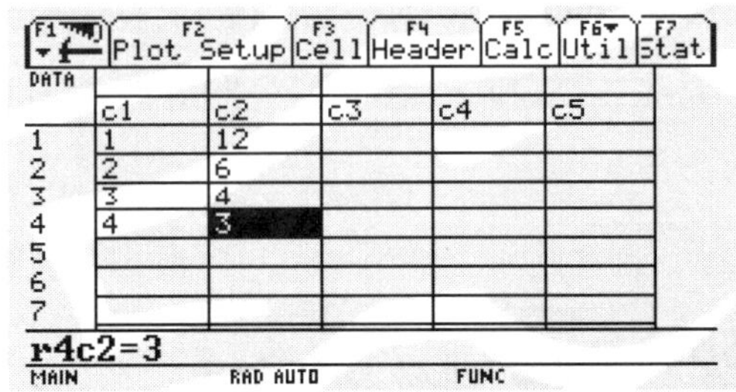
c1×c2의 값을 c3에 저장하여 곱해서 12가 되는지를 확인합니다.	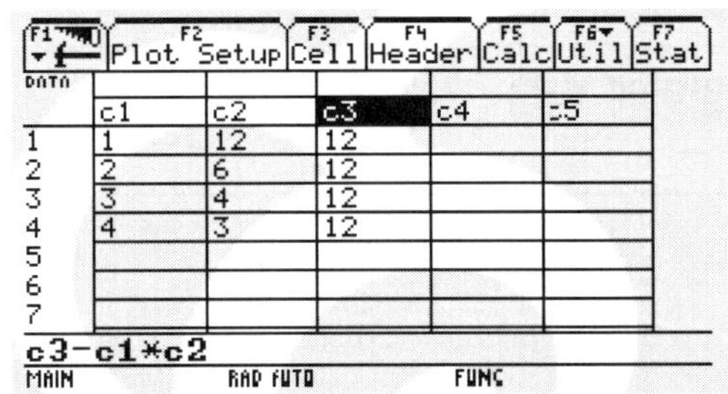
c1과 c2에 대한 순서쌍(1,12), (2,6), (3,4) … 을 좌표평면에 표시합니다.	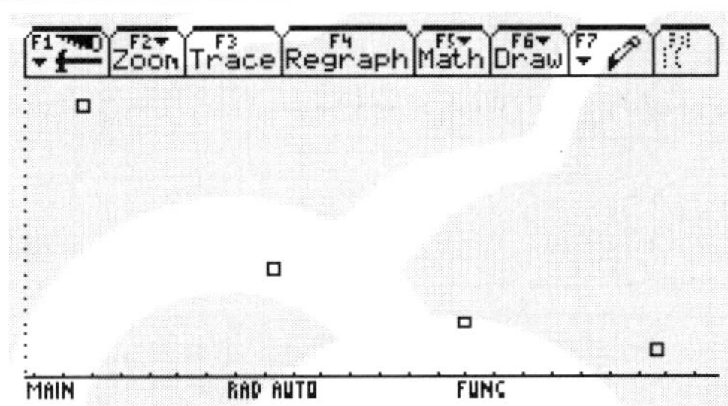
그래프를 그리고, 12의 약수들 사이의 관계 를 탐구합니다.	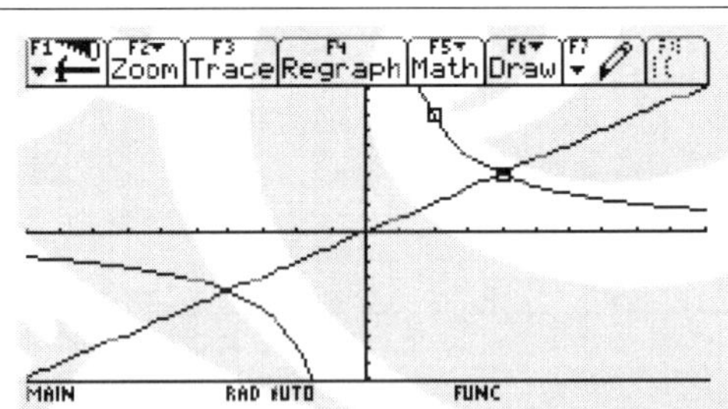

참고문헌

- 신동선, 류희찬(1998). 수학교육과 컴퓨터. 서울: 경문사.
- 정덕연(2006). 그래핑 계산기(TI–92 Plus)를 활용한 중학교 대수 지도의 효율적 방안. 영남대학교 교육대학원.
- 하미란(2010). 그래핑 계산기를 활용한 서술형 평가 문항 개발에 관한 연구. 부산대학교 교육대학원.

Challenge

■ 수학영재 핵심 용어 해설 3 : 논리 · 자료와 가능성 영역

1) 곱해서 16이 나오는 수들을 순서쌍으로 하는 함수의 자취를 그려봅시다.

2) 다음은 야구 선수 20명의 홈런과 볼넷 수를 나타낸 표입니다. 두 자료의 관계를 알 수 있는 그래프를 그려봅시다.

홈런	볼넷	홈런	볼넷
39	96	26	47
36	127	25	50
34	83	24	91
30	68	24	86
30	60	23	90
28	49	22	57
26	46	22	47
22	36	18	74
20	40	18	47
18	60	17	52

1) $y = \dfrac{16}{x}$ 의 그래프로 다음 그림과 같습니다.

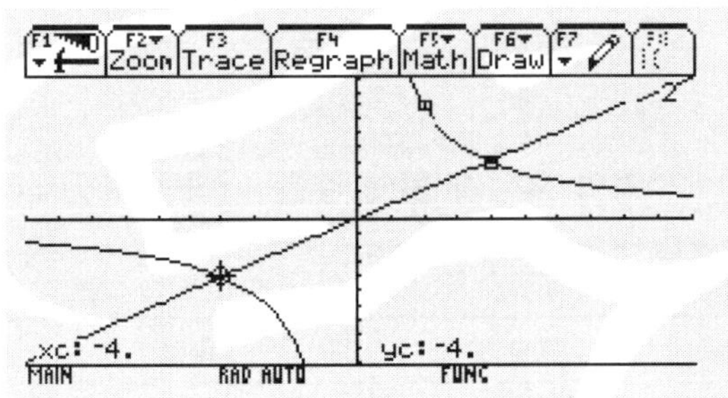

2) Data/Matrix Mode를 이용하여 홈런 수와 볼넷 수 사이의 관계를 알아봅시다. 먼저 Mode에서 다음과 같이 설정합니다.

F1 Display Digits ... Fix 2

F2 Exact/Approx ... Auto

Apps 6: Data/Matrix Editor에서 New를 선택합니다.
다음으로 홈런 수와 볼넷 수 사이의 상관도를 그려봅시다. 먼저 F2 Plot Setup을 누른 후에 Plot 1에 커서를 두고 F1 Define을 선택합니다. 다음과 같이 설정하고, 화면에 홈런 수와 볼넷 수를 차례대로 입력합니다.

Plot Type... 1:Scatter,

Mark ... 1: Box,

x－>c1(홈런수), y－>c2(볼넷수)

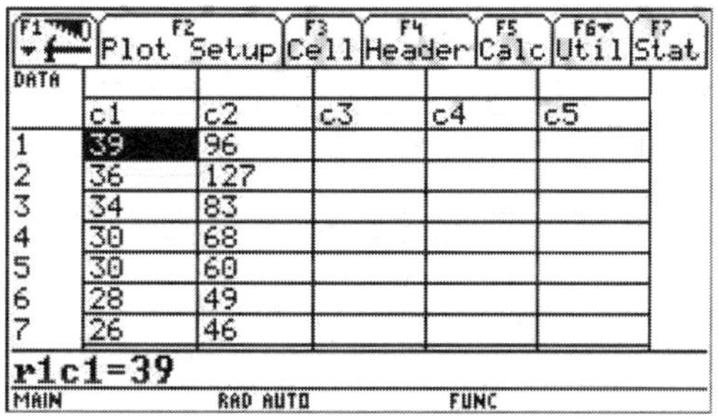

◆W(Y=)에서 Plot1을 제외한 다른 것들은 지운 후에, F2 9: ZoomData를 이용하여 화면의 그래프를 볼 수 있습니다.

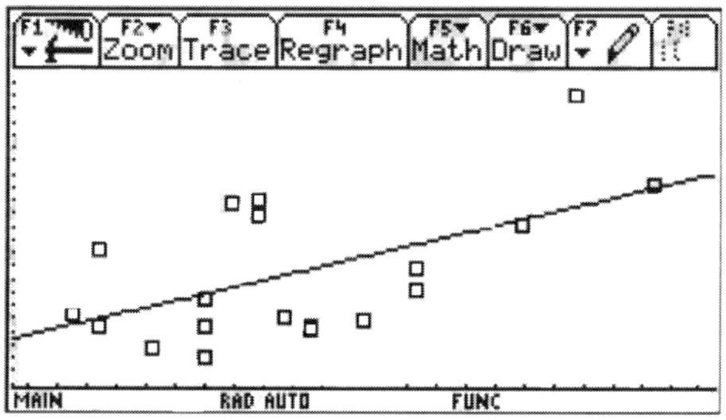

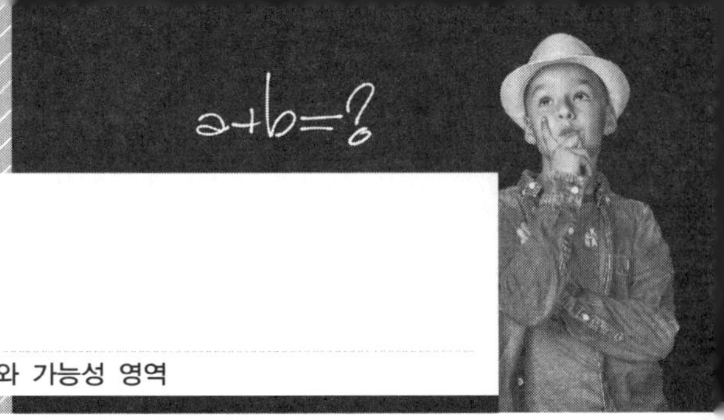

03 마방진 탐구

■ 수학영재 핵심 용어 해설 3 : 논리 · 자료와 가능성 영역

마방진이란?

마방진이란 정사각형 모양으로 숫자를 배열하되 가로, 세로 및 대각선에 있는 숫자의 합이 같도록 배치한 것을 말합니다. 마방진은 가로, 세로 3×3형의 방진(사각형 모양을 방형이라 하고, 사각형 모양의 숫자배열을 '방진'이라고 합니다.)에서부터 4×4, 5×5, 6×6, … 과 같이 여러 가지 형태로 만들 수 있습니다. 이때 정사각형의 한 변에 나열된 수의 개수에 따라서 3방진, 4방진, … 등이라 칭합니다. 즉 일반적으로 마방진은 가로, 세로 $n \times n$칸에 1부터 n의 제곱까지의 자연수를 한 번씩 써 넣어 행과 열, 대각선의 각 방향의 합이 모두 같도록 만든 정방행렬입니다.

마방진은 수학의 전 역사를 통해 자연의 질서와 아름다움을 보여주는 수학의 대표주자로서 많은 수학자들과 일반인들을 매료시켜 왔습니다. 마방진은 영어로는 'magic square' 입니다. 즉, 마방진은 여러 방진들 중에서 상하좌우 대각선의 합이 모두 같은 특수한 조건을 만족하는 '마술적인 성질을 가진 방진'이라는 뜻입니다.

마방진은 어떻게 생겨났을까요?

지금까지 수많은 형태의 마방진이 만들어지고 이를 이론화하려는 연구들이 있었습니다. 그중에서도 역사상 가장 먼저 출현한 마방진은 3행 3열의 마방진일 것입니다. 전설에 따르면 중국 하나라의 우임금이 매년 범람하는 황하의 물길을 정비하던 중에 강에서 이상한 그림이 새겨진 거북의 등껍질을 얻었습니다. '낙서(洛書)'라고 불리는 이 그림에는 1부터 9까지의 숫자가 3행 3열로 배열돼 있었는데 어느 방향으로 더하든지 합이 15가 되는 신기한 형태였습니다. 이때부터 중국에서는 '낙서'가 세상의 비밀과 진리를 함축하고 있다고 믿었습니다. 이는 주역의 원리가 함축된 그림으로 인식되기도 했고 우주의 진리를 표상하는 그림으로 생각됐습니다. 그만큼 마방진은 보는 사람으로 하여금 신비한 아름다움을 느끼게 합니다.

마방진의 그림과 숫자표는 봉건 사회에서 일부 사람들에게 미신에 이용되기도 하였고 이때부터 일종의 '행렬 놀이'인 방진이 유행했으며, 이후에 중국이나 한국의 수학책에는 방진에 관한 문제가 많이 실렸습니다. 한편 이 방진은 유럽에도 건너가 '마방진(magic square)'이란 이름으로 통용되게 되었습니다. 3행 3열의 마방진은 아마도 고대 그리스의 피타고라스 학파나 다른 수학자들에게도 많이 알려져 있었을 것으로 여겨집니다. 이후 16세기 초 독일의 뒤러(Dürer)는 우울이라는 뜻의 '멜랑콜리아(melencolia)'라는 동판화 작품에 4행 4열의 마방진을 새겨놓았습니다. 이 마방진의 맨 아랫줄 가운데 두 칸의 숫자는 15와 14로 이루어져 있었는데, 이를 연속해서 쓰면 그가 죽은 해인 1514년을 가리키도록 한 방진입니다. 이처럼 마방진은 유럽에서도 많은 수학자들과 일반인들의 관심을 끌어왔습니다.

마방진 탐구

1 홀수 마방진 만들기

지금까지 살펴본 바와 같이 '낙서(洛書)'는 가로, 세로의 칸이 3개로 되어 있는 3×3형의 '3차 마방진'이라고 할 수 있습니다. 마방진 가운데에서 3×3, 5×5와 같은 홀수 마방진은 쉽게 만들 수 있습니다. 홀수 마방진이란 가로, 세로의 칸이 홀수 개로 되어 있는 마방진을 말합니다.

1) 홀수 마방진 만드는 방법 Ⅰ

<3×3 마방진 만드는 방법>

① 처음에 빈 칸이 9개 있는 정사각형을 만들고 1부터 9까지의 숫자를 왼쪽 위부터 오른쪽 아래로 비스듬히 써 놓습니다.

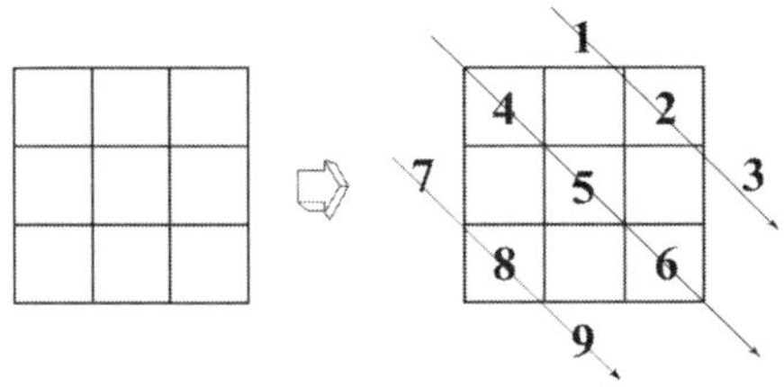

② 처음의 정사각형 바깥쪽에 있는 각 숫자를 가운데를 중심으로 위, 아래쪽끼리 바꾸고, 양옆의 것끼리도 바꿔 줍니다. 1과 9, 7과 3의 자리를 바꿉니다.

③ 정사각형 바깥쪽에 있는 숫자를 바로 옆의 빈칸에 넣어서 완성하면 됩니다.

		1		
	4		2	
7		5		3
	8		6	
		9		

		9		
	4		2	
3		5		7
	8		6	
		1		

	4	9	2	
	3	5	7	
	8	1	6	

<5×5마방진 만드는 방법>

				1				
			6		2			
		11		7		3		
	16		12		8		4	
21		17		13		9		5
	22		18		14		10	
		23		19		15		
			24		20			
				25				

11	24	7	20	3
4	12	25	8	16
17	5	13	21	9
10	18	1	14	22
23	6	19	2	15

2) 홀수 마방진 만드는 방법 Ⅱ

주어진 정사각형의 1행의 중앙에 1을 놓고, 다음과 같은 방법으로 ①, ②, ③에 따라서 오른쪽 위 대각선 방향(↗)으로 자연수를 연속하여 순서대로 배열해 나갑니다.

① 맨 위의 행에 도달했을 때는, 다음 열의 맨 밑의 행으로 이어지며, 거기서부터 또 다시 오른쪽 위 대각선 방향으로 진행합니다. <그림 1>의 1, 2, <그림 2>의 1, 2, 3, <그림 3>의 1, 2, 3, 4의 진행 방향을 잘 살펴보세요.

	1	
		2

<그림 1>

		1		
				3
			2	

<그림 2>

			1			
						4
					3	
				2		

<그림 3>

② 맨 오른쪽 열에 왔을 때는, 그 위의 행의 맨 왼쪽 끝으로 이어지며 거기서부터 오른쪽 위 대각선 방향으로 진행합니다. <그림 4>의 2, 3, <그림 5>의 3, 4, 5, <그림 6>의 4, 5, 6, 7의 진행 방향을 잘 살펴보세요.

	1	
3		
		2

<그림 4>

		1		
	5			
4				
				3
			2	

<그림 5>

			1			
		7				
	6					
5						
						4
					3	
				2		

<그림 6>

③ 이미 숫자가 기록된 장소에 도달하게 될 경우, 또는 오른쪽 위의 귀퉁이에 왔을 때는 지금 기록한 숫자의 바로 밑으로 진행하며 거기서부터 또 다시 오른쪽 위 대각선 방향으로 진행합니다. <그림 7>의 3, 4와 6, 7, <그림 8>의 5, 6과 15, 16, <그림 9>의 7, 8과 28, 29의 진행 방향을 잘 살펴보세요.

	1	6
3	5	7
4		2

<그림 7>

		1	8	15
	5	7	14	16
4	6	13		
10	12			3
11			2	9

<그림 8>

			1	10	19	28
		7	9	18	27	29
	6	8	17	26		
5	14	16	25			
13	15	24				4
21	23				3	12
22				2	11	20

<그림 9>

이와 같은 방법으로 계속하면 <그림 10>, <그림 11>, <그림 12>와 같이 3×3, 5×5, 7×7의 홀수 마방진을 완성할 수 있습니다.

8	1	6
3	5	7
4	9	2

<그림 10>

17	24	1	8	15
23	5	7	14	16
4	6	13	20	22
10	12	19	21	3
11	18	25	2	9

<그림 11>

30	39	48	1	10	19	28
38	47	7	9	18	27	29
56	6	8	17	26	35	37
5	14	16	25	34	36	45
13	15	24	33	42	44	4
21	23	32	41	43	3	12
22	31	40	49	2	11	20

<그림 12>

또한 9×9, 11×11, … 등 얼마든지 큰 홀수 마방진을 만들 수 있습니다. 이 방법으로 왼쪽 위 대각선 방향으로 진행해도 되며, 위와는 좌우대칭의 마방진이 만들어집니다.

3) 홀수 마방진 만드는 방법 Ⅲ

<그림 13>, <그림 14>와 같이 주어진 정사각형의 중앙의 바로 위에 1을 놓고, 그 다음부터는 '홀수 마방진 만드는 방법 Ⅱ'의 ①, ②의 경우와 같이 배열하면 되고, 다만 ③의 경우에 바로 밑으로 내려가는 대신 그 바로 위의 두 번째 칸으로 진행합니다. 만약에 바로 위의 두 번째 칸이 없다면 같은 열의 맨 밑(단, 오른쪽 귀퉁이의 경우는 맨 밑으로부터 두 번째 칸)으로 진행합니다. <그림 13>, <그림 14>의 배열을 잘 살펴보고 방법을 이해하세요.

23	6	19	2	15
10	18	1	14	22
17	5	13	21	9
4	12	25	8	16
11	24	7	20	3

<그림 13>

46	15	40	9	34	3	28
21	39	8	33	2	27	45
38	14	32	1	26	44	20
13	31	7	25	43	19	37
30	6	24	49	18	36	12
5	23	48	17	42	11	29
22	47	16	41	10	35	4

<그림 14>

4) 홀수 마방진 만드는 방법 Ⅳ

이 방법은 2개의 보조방진을 만든 다음 이 두 방진에서 대응하는 같은 칸의 2개의 숫자를 합하여 만드는 방법입니다. 다음은 5×5 마방진을 만드는 과정입니다.

① 먼저 <그림 15>와 같이 1부터 5까지의 연속된 자연수가 가로, 세로의 구간에 한 번씩만 나타나도록 하여 마방진과 같은 성질을 갖는 보조방진을 만듭니다.

3	4	1	5	2
2	3	4	1	5
5	2	3	4	1
1	5	2	3	4
4	1	5	2	3

<그림 15>

② <그림 15>의 방진의 행과 열을 거꾸로 바꾸어 <그림 16>과 같은 방진을 만들고, 여기에 <그림 17>과 같이 1의 자리에 $(1-1)\times5=0$을, 2의 자리에 $(2-1)\times5=5$를, 3의 자리에 $(3-1)\times5=10$을, 4의 자리에 $(4-1)\times5=15$를, 5의 자리에 $(5-1)\times5=20$을 바꾸어 넣습니다.

4	1	5	2	3
1	5	2	3	4
5	2	3	4	1
2	3	4	1	5
3	4	1	5	2

<그림 16>

15	0	20	5	10
0	20	5	10	15
20	5	10	15	0
5	10	15	0	20
10	15	0	20	2

<그림 17>

③ <그림 15>와 <그림 17>의 대응하는 칸의 두 숫자를 합하면 <그림 18>과 같은 5×5 마방진을 만들 수 있습니다.

18	4	21	10	12
2	23	9	11	20
25	7	13	19	1
6	15	17	3	24
14	16	5	22	8

<그림 18>

그런데 <그림 15>의 수 배열은 매우 많은 방법이 있기 때문에 이 방법을 이용하면 매우 많은 5×5 마방진을 만들 수 있습니다. 다른 홀수 마방진도 이와 같은 방법으로 만들어보세요.

2 짝수 마방진 만들기

1) 짝수 마방진 만드는 방법 Ⅰ

짝수 마방진을 만드는 일반적인 규칙은 없는데, 다음은 4×4마방진으로 특별히 2로 나누어떨어지는 짝수 마방진을 만드는 규칙입니다.

A	2	3	B
5	C	D	8
9	E	F	12
G	14	15	H

16	**2**	**3**	**13**
5	**11**	**10**	**8**
9	**7**	**6**	**12**
4	**14**	**15**	**1**

① 먼저, 마방진 안에 대각선을 긋고, 대각선이 지나간 자리를 위에서 아래쪽으로 왼쪽에서 오른쪽으로 알파벳 A부터 H까지 적습니다.

② 알파벳이 있는 자리를 비우며 숫자를 적습니다. 이때, ‘A’가 있는 자리는 ‘1’이 들어가야 할 자리이므로 적지 않고 다음 칸에 ‘2’를 적습니다.

③ 이번에는 알파벳을 지우고 알파벳이 있는 자리에 16부터 숫자를 적습니다. ‘A’자리에 16을, 그 다음 자리인 ‘B’에는 13을 적습니다.(15, 14는 이미 ②번에서 적었으므로 빠진 숫자를 찾아서 적습니다.)

④ 그 다음에는 ‘C’자리에 숫자 ‘11’을 적습니다. 이렇게 해서 4×4 마방진을 만들 수 있습니다.

2) 짝수 마방진 만드는 방법 Ⅱ

이 방법은 보조방진을 이용하는 방법입니다. 다음은 6×6 마방진을 만드는 과정입니다.

① <그림 19>와 같이 두 대각선에 1, 2, 3, 4, 5, 6을 배열하고, 가로 행에는 각각 대각선에 없는 숫자를 적당히 넣어서 6개의 숫자가 한 번씩만 나타나도록 합니다. 그러나 세로 열에는 같은 숫자가 중복하여 나타나도 좋습니다. 다만 각 세로 열의 합은 항상 1부터 6까지의 합인 21이 되도록 해야 합니다.

1	5	4	3	2	6
6	2	4	3	5	1
6	5	3	4	2	1
1	5	3	4	2	6
6	2	3	4	5	1
1	2	4	3	5	6

<그림 19>

② <그림 19>를 오른쪽으로 90° 회전하여 <그림 20>을 만들고, 여기에 <그림 21>과 같이 1의 자리에 $(1-1)\times 6=0$을, 2의 자리에 $(2-1)\times 6=6$을, 3의 자리에 $(3-1)\times 6=12$를, 4의 자리에 $(4-1)\times 6=18$을, 5의 자리에 $(5-1)\times 6=24$를, 6의 자리에 $(6-1)\times 6=30$을 바꾸어 넣습니다.

1	6	1	6	6	1
2	2	5	5	2	5
4	3	3	3	4	4
3	4	4	4	3	3
5	5	2	2	5	2
6	1	6	1	1	6

<그림 20>

0	30	0	30	30	0
6	6	24	25	6	24
18	12	12	12	18	18
12	18	18	18	12	12
24	24	6	6	24	6
30	0	30	0	0	30

<그림 21>

③ <그림 20>과 <그림 21>의 대응하는 칸의 두 숫자를 합하면 <그림 22>와 같은 6×6 마방진을 만들 수 있습니다.

1	35	4	33	32	6
12	8	28	27	11	25
24	17	15	16	20	19
13	23	21	22	14	18
30	26	9	10	29	7
31	2	34	3	5	36

<그림 22>

그런데 <그림 19>와 같이 보조방진의 대각선 위의 6개의 숫자가 반드시 이와 같은 순서로 배열해야만 하는 것은 아닙니다. 또한 <그림 20> 대신에 90° 왼쪽으로 회전하거나 뒤집은 것을 보조방진으로 사용해도 됩니다. 따라서 이와 같은 방법에 의한 마방진도 많이 만들 수 있을 것입니다.

참고문헌

- 최춘호 (2005). 마방진에 관한 연구. 동의대학교 교육대학원 석사학위논문.

Challenge

1) 1부터 16까지의 숫자를 한 번씩만 사용하여 4×4 마방진을 만들어 봅시다.

2) 1부터 25까지의 숫자를 한 번씩만 사용하여 가로, 세로, 대각선 각각의 합이 55인 5×5 마방진을 만들어 봅시다.

답안지

■ 수학영재 핵심 용어 해설 3 : 논리 · 자료와 가능성 영역

1)

1	15	14	4
12	6	7	9
8	10	11	5
13	3	2	16

1	14	15	4
12	7	6	9
8	11	10	5
13	2	3	16

2)

11	24	7	20	3
4	12	25	8	16
17	5	13	21	9
10	18	1	14	22
23	6	19	2	15

17	24	1	8	15
23	5	7	14	16
4	6	13	20	22
10	12	19	21	3
11	18	25	2	9

04 막대그래프와 꺾은선그래프

■ 수학영재 핵심 용어 해설 3 : 논리 · 자료와 가능성 영역

막대그래프와 꺾은선 그래프란?

막대그래프는 수량의 많고 적음, 늘거나 줄어드는 양, 또는 크고 작음과 같이 변화 상황의 일별 · 월별 · 연별 통계 · 비교 등에 많이 이용됩니다. 그래프 중에는 선이나 막대를 사용한 것 이외에도 그림그래프, 원그래프 등도 있는데, 가장 많이 쓰이는 것이 선이나 막대를 사용한 그래프이며 누구든지 이해하기 쉬운 그래프입니다. 막대를 수직으로 하여 나타낸 그래프를 수직 막대그래프, 수평으로 나타낸 그래프를 수평 막대그래프라고 합니다.

꺾은선 그래프는 수량을 점으로 표시하고, 그 점들을 선분으로 이어 그린 그래프이고 수량이 변화하는 모양과 정도를 쉽게 알 수 있습니다. 또한 이를 통해 변화 상태를 예측하는 것이 수월합니다.

같은 그래프라도 그 내용에 따라 그래프 종류의 편리함도 다릅니다. 예를 들면 세금, 국민총생산(GNP), 업체의 수익률 등 어떤 통계값의 늘고 준 것에 대한 비교에는 막대나 선으로 나타낸 그래프가 적당하고, 일별 · 월별 물건값의 오름 · 내림이나 가게 매상의 늘고 줄어듦 등과 같이 변화 상태를 파악하고자 하는 바를 나타내는 데에는 꺾은선 그래프가 알맞으며, 여론조사의 결과나 투표에서 후보별 득표 비율 확인이 필요한 경우와 같이 백분율을 이용하는 것이 편리할 때에는 원 그래프와 같은 비율그래프가 적절합니다.

막대그래프와 꺾은선 그래프 살펴보기

1. 다음은 학생들이 좋아하는 음식에 대하여 조사한 자료를 막대그래프로 나타낸 것입니다. 적절하지 않은 그래프와 그 이유는 무엇일까요?

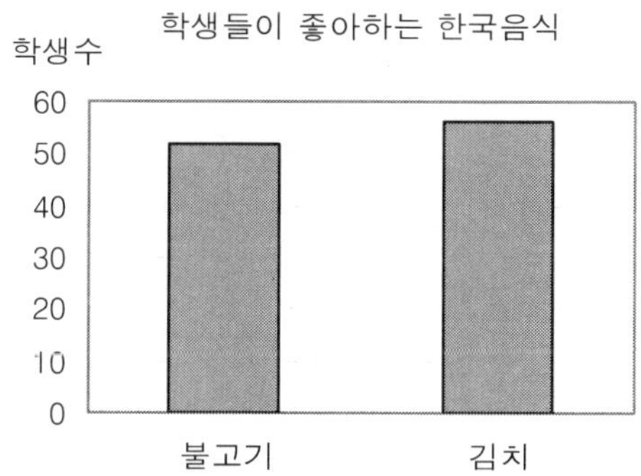

<그래프 1>

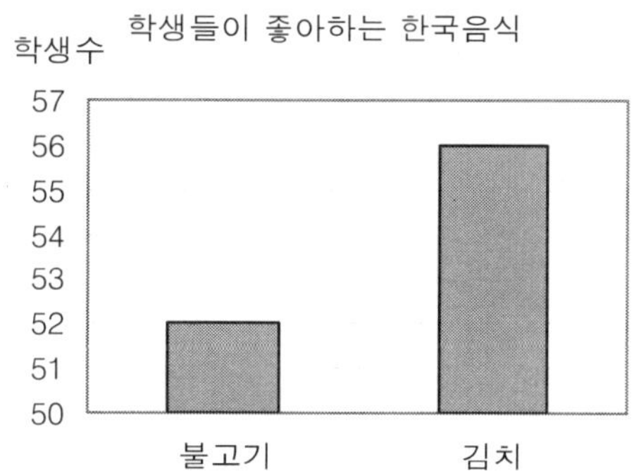

<그래프 2 >

☞ <그래프 1>을 보면 '불고기'를 좋아하는 학생 수나 '김치'를 좋아하는 학생 수가 비슷한 것을 알 수 있으나, <그래프 2>를 보면 '불고기'를 좋아하는 학생 수는 '김치'를 좋아하는 학생 수에 비해 약 1/3 정도인 것으로 보입니다. 이 두 막대그래프는 같은 통계자료로 그린 것입니다. 같은 자료로부터 그린 두 그래프가 무엇 때문에 차이가 작게 또는 크게 나타나게 하는 것일까요? 이 두 그래프를 잘 보면 두 그래프의 차이는 <그래프 1>은 Y축의 측정값의 빈도를 표시하는 눈금이 0부터 시작하였고, <그래프 2>에서는 Y축의 측정값의 빈도를 50부터 시작한 그래프입니다. 그래프의 강력한 시각적 효과로 인하여 <그래프 2>에서 '김치'는 '불고기'의 약 3배가 된다면 Y축의 눈금을 볼 때 '불고기'가 52명이므로 '김치'의 경우 3배가 되려면 156명이 되어야 함에도 Y축의 눈금은 '김치'가 56명이 되어 3배가 아님을 알 수 있습니다. 따라서 <그래프 2>는 적절하지 않은 막대그래프입니다. 막대그래프나 꺾은선 그래프를 그릴 때 Y축이 측정값의 빈도를 표시하는 눈금은 0부터 시작하고, 값이 클 경우에는 물결선으로 표시하는 것이 적절합니다.

2. 철수는 매월 몸무게를 측정하여 그래프로 그려보고 깜짝 놀랐습니다. '이렇게 빨리 몸무게가 늘면 나는 코끼리가 될 거야. 몸무게가 더 늘지 않게 신경 써야지.' 생각하고 식사량을 조금씩 줄이기로 하였습니다. 철수의 실수는 무엇일까요?

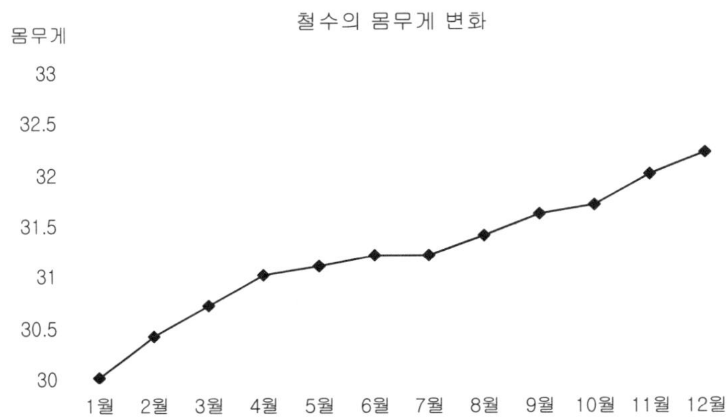

☞ Y축의 눈금 시작을 30부터 하였고 눈금의 크기를 0.5간격으로 하여 변화가 크게 느껴집니다.

3. 다음 그래프는 학생들의 필통 속에 들어 있는 연필의 개수를 나타낸 그래프입니다. 두 그래프를 자세히 살펴보고 적절하지 않은 부분을 말해봅시다.

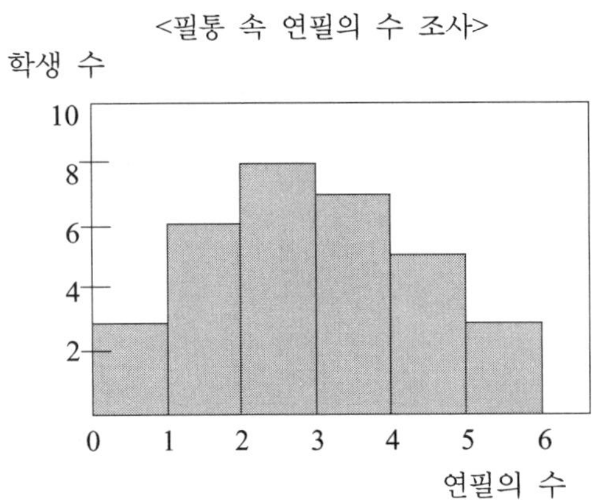

<그래프 3>

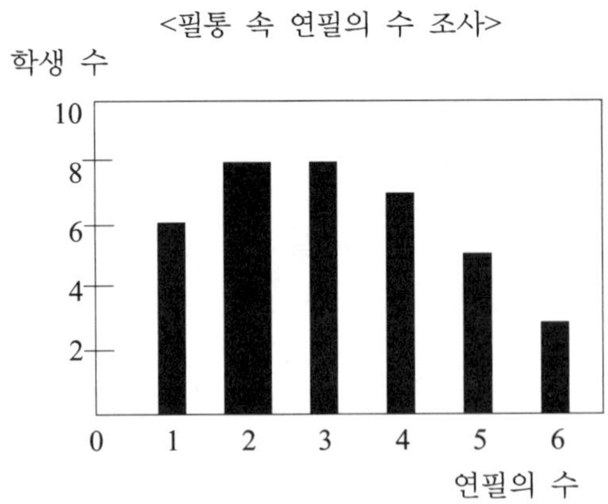

<그래프 4>

☞ 막대그래프를 그릴 때 측정값의 빈도를 표시하는 막대 또는 선의 위치를 정확히 표시하여야 합니다. <그래프 3>은 필통 속에 가지고 있는 연필의 수에 따른 학생 수를 표시하였습니다. X축에서 연필의 수의 막대그래프를 보면 0개부터 1개 사이에 3명을 표시하고 있습니다. 이 뜻은 연필의 수가 0부터 1개 미만까지 3명이라는 뜻처럼 되는데, 연필의 수가 0.1개, 0.2개,……0.9개는 있을 수 없고, 0개, 1개, 2개, …… 등으로 되어야 합니다. 따라서 <그래프 3>은 적절하지 않은 그래프입니다. <그래프 4>는 2개 가진 학생의 막대가 다른 막대 보다 굵게 표시되어 같은 학생 수를 나타내는 연필 3개 가진 학생 수보다 더 많은 것처럼 인식될 수 있습니다. 따라서 막대의 굵기도 되도록 모두 같게 표시해야 합니다.

4. 막대그래프와 꺾은선 그래프를 그릴 때 주의할 점들을 정리해 봅시다.

① 측정값의 수를 표시하는 눈금은 0부터 시작합니다.

② 막대 또는 선의 위치를 분명하게 합니다.

③ 막대 또는 선의 굵기를 일정하게 합니다.

막대그래프 그리기

1. 다음은 자료마을에 살고 있는 4학년 학생을 대상으로 가장 좋아하는 음식을 표로 나타낸 것입니다. 이 표를 막대그래프로 나타내어 봅시다.

<자료마을 4학년 학생들이 좋아하는 음식>

음식	짜장면	우동	피자	냉면	떡볶이	짬뽕	합계
학생 수	10	4	12	6	19	3	54

1) 위 표를 막대그래프로 나타내봅시다.

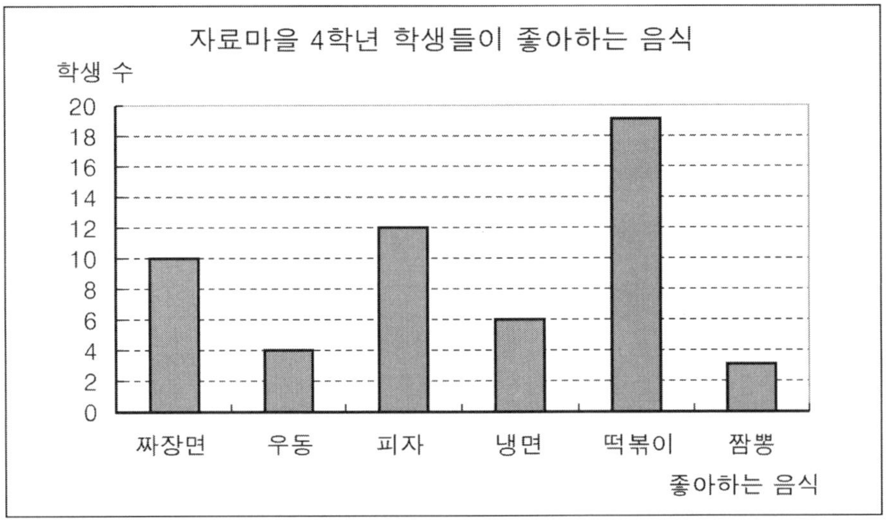

2) 그래프를 보고 알 수 있는 것은 무엇일까요?

① 4학년 학생들이 가장 좋아하는 음식은 떡볶이입니다.

② 4학년 학생들이 좋아하지 않는 음식으로는 우동과 짬뽕을 들 수 있습니다.

3) 학교 앞에 음식점을 차리려고 합니다. 어떤 음식을 파는 가게를 차려야 할까요? 그 이유는 무엇일까요?

2. 철수네 학급 학생들이 좋아하는 계절을 조사하였더니 다음과 같았습니다.

이철수 – 가을, 김신우 – 봄, 김재윤 – 여름, 김지헌 – 가을, 박경우 – 봄, 박세인 – 겨울
박세현 – 봄, 백승화 – 여름, 여윤우 – 가을, 전민기 – 여름, 전유준 – 봄, 정연동 – 여름
정형준 – 여름, 강영지 – 가을, 김가희 – 겨울, 김도이 – 봄, 박시은 – 겨울, 안하연 – 가을
양소효 – 겨울, 이서윤 – 봄, 임지후 – 여름, 전서이 – 겨울, 전소영 – 가을, 정수인 – 봄
조수빈 – 겨울, 박현준 – 여름, 장예은 – 가을, 장서진 – 봄, 황혜숙 – 가을, 황혜영 – 봄

1) 위의 조사내용을 기준을 정하여 분류하고 표로 정리해봅시다.

<학생들이 좋아하는 계절>

계절	봄	여름	가을	겨울	합계
학생 수(명)	9	7	8	6	30

2) 표의 내용을 세로막대 그래프와 가로막대 그래프로 각각 나타내어 봅시다.

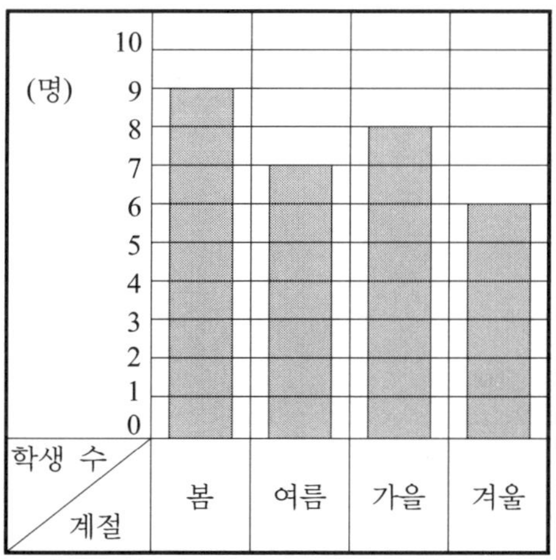

<세로막대 그래프>

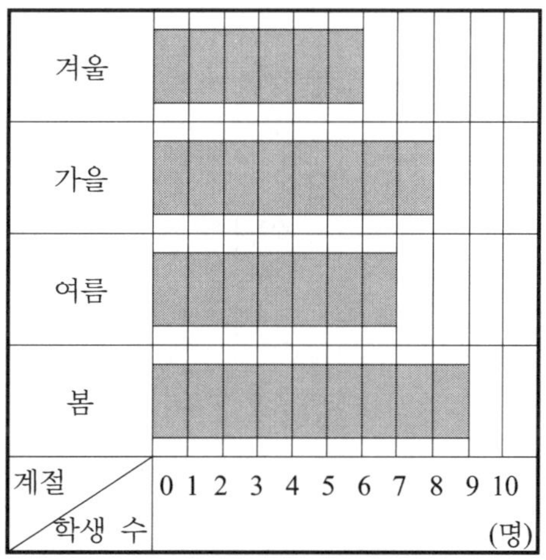

<가로막대 그래프>

3) 세로막대 그래프와 가로막대 그래프의 다른 점은 무엇일까요?

☞ 세로막대 그래프는 가로축에 계절을 나타내고, 세로축에 학생 수를 나타내고 있고, 가로막대 그래프는 가로축에 학생 수를, 세로축에 계절을 나타내고 있습니다.

꺾은선 그래프 그리기

1. 다음 표는 철수의 몸무게 변화를 나타낸 것입니다.

학년	1학년	2학년	3학년	4학년
몸무게(kg)	22	25	31	33

1) 철수의 몸무게를 그래프로 나타내기 위하여 표를 보고 미리 결정해야 할 것들은 무엇인지 알아봅시다.

① 어떤 그래프로 나타낼 것인가요?

② 눈금 1칸은 얼마로 할까요?

③ 가로 눈금과 세로 눈금이 나타낼 것들은 무엇일까요?

2) 철수의 몸무게를 꺾은선 그래프로 나타내어봅시다.

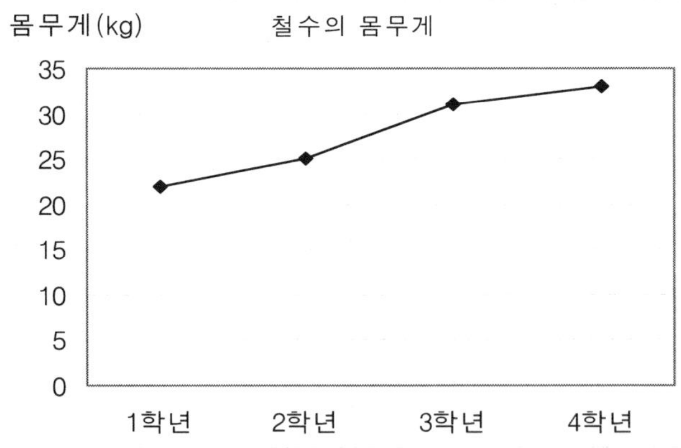

3) 그래프를 보고 알 수 있는 것은 무엇입니까?

① 철수의 몸무게는 2 ~ 3학년 때 가장 많이 늘어났습니다.

② 철수의 몸무게는 1학년부터 4학년까지 계속 증가하고 있습니다.

③ 철수의 몸무게는 3 ~ 4학년 때 가장 적게 늘어났습니다.

2. 다음 표는 영희와 철수의 몸무게 변화를 나타낸 것입니다.

나이 / 몸무게(kg)	5	6	7	8	9	10	11
영희의 몸무게	20	22	26	27	29.5	31	32
철수의 몸무게	18	20	22	26	29	33	34

1) 영희와 철수의 몸무게의 변화를 비교할 수 있는 그래프를 그려봅시다.

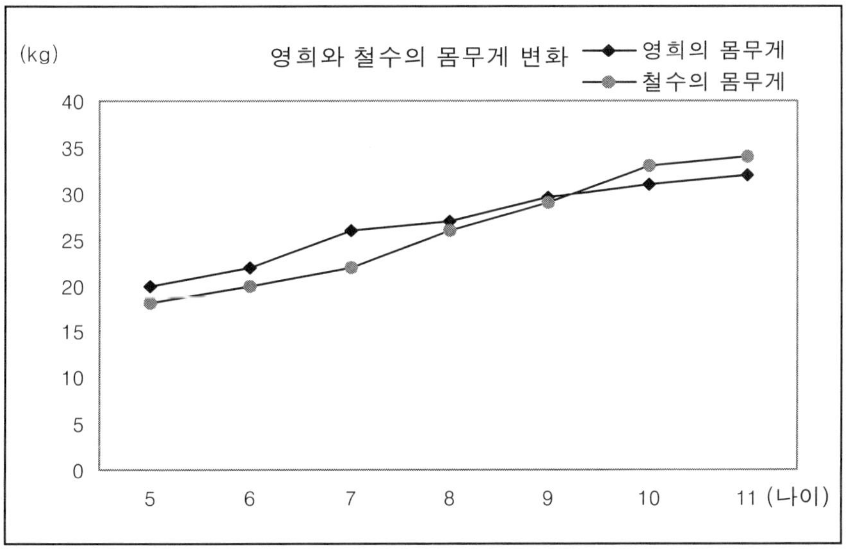

2) 영희와 철수의 몸무게 변화 그래프를 비교해 보고 알 수 있는 사실은 무엇일까요?

① 9살이 지나면서부터 철수의 몸무게가 영희의 몸무게 보다 많아졌습니다.

② 철수는 7살부터 8살, 9살부터 10살 때 몸무게가 가장 많이 늘었습니다.

③ 영희는 6살부터 7살 때 몸무게가 가장 많이 늘었습니다.

3) 영희의 몸무게와 철수의 몸무게를 함께 나타낸 꺾은선 그래프의 좋은 점은 무엇일까요?

① 몸무게 변화를 한눈에 알아보기 쉽습니다.

② 두 사람의 몸무게 변화를 비교하기 쉽습니다.

③ 특징 있는 부분을 쉽게 찾을 수 있습니다.

3. 세 도시의 기온을 비교해 봅시다.

서울

월	1	2	3	4	5	6	7	8	9	10	11	12
기온	−3	−1	5	12	17	22	25	25	21	14	7	0

뉴욕

월	1	2	3	4	5	6	7	8	9	10	11	12
기온	0	1	5	11	17	22	25	24	20	14	9	3

시드니

월	1	2	3	4	5	6	7	8	9	10	11	12
기온	23	23	21	19	16	13	12	13	16	18	20	22

1) 서울의 월 평균 기온에 대한 막대그래프와 꺾은선 그래프를 그려봅시다.

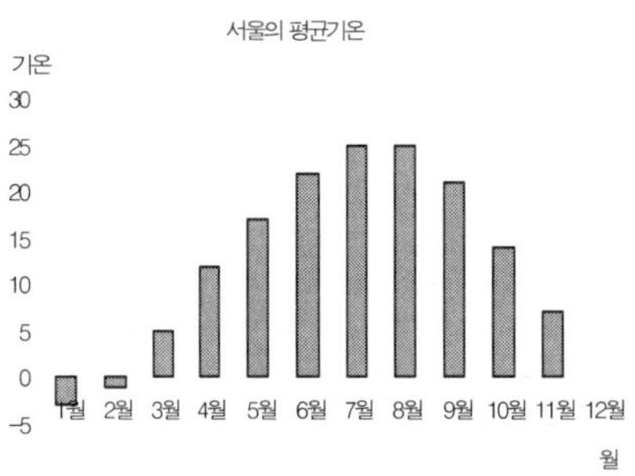

<막대그래프>

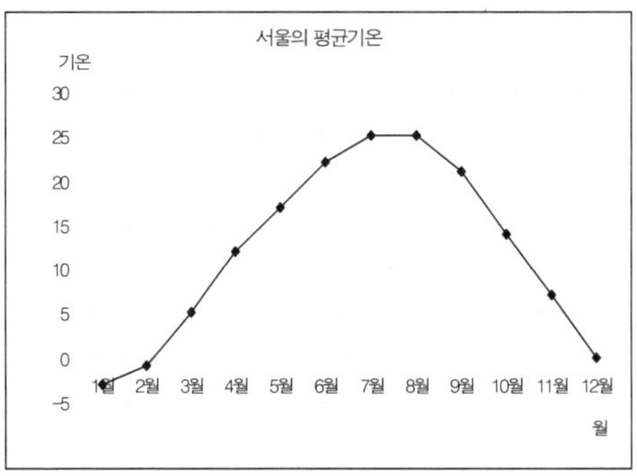

<꺾은선 그래프>

① 어떤 그래프가 온도변화를 알아보기 쉬운가요?

☞ 세 도시를 막대그래프 혹은 꺾은선 그래프로 세 개의 도표에 나타내거나, 또는 하나의 도표에 꺾은선 그래프 또는 막대그래프를 세 개 그려서 나타내는 등 다양한 표현이 있을 수 있습니다. 그렇지만 대체로 세 도시의 기온을 하나의 도표에 선의 색깔을 달리하여 꺾은선 그래프로 나타냄으로써 비교가 더 쉬워집니다.

2) 서울, 뉴욕, 시드니의 월 평균 기온을 비교한 꺾은선 그래프를 알아봅시다.

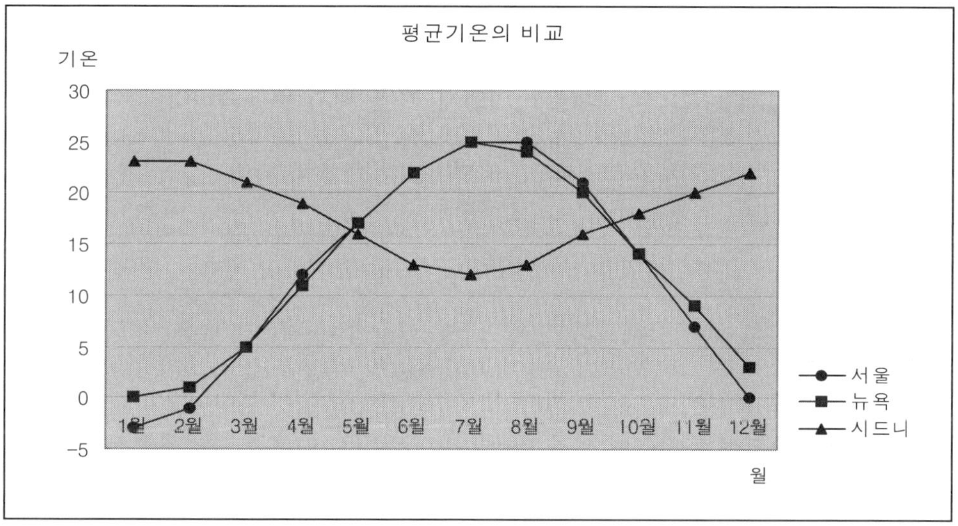

① 세 도시의 기온변화에서 알 수 있는 것과 그 이유는 무엇일까요?

☞ 서울과 뉴욕의 기온은 비슷하고 시드니는 반대입니다. 기온차이는 북반구와 남반구라는 위치의 차이 때문입니다.

중간값 예상하기

1. 다음은 철수가 기르는 나팔꽃의 키를 일주일 동안 조사하여 나타낸 표입니다. 그러나 화요일과 금요일에는 할머니 댁에 다녀와서 키를 재지 못했습니다.

요일	일	월	화	수	목	금	토
나팔꽃의 키(cm)	2	3	( )	6	8	( )	16

1) 위에 제시된 표의 빈칸에 나팔꽃의 키를 예상하여 적어봅시다.

2) 화요일과 금요일에 나팔꽃의 키가 얼마일지 꺾은선 그래프를 그려서 확인하여 봅시다.

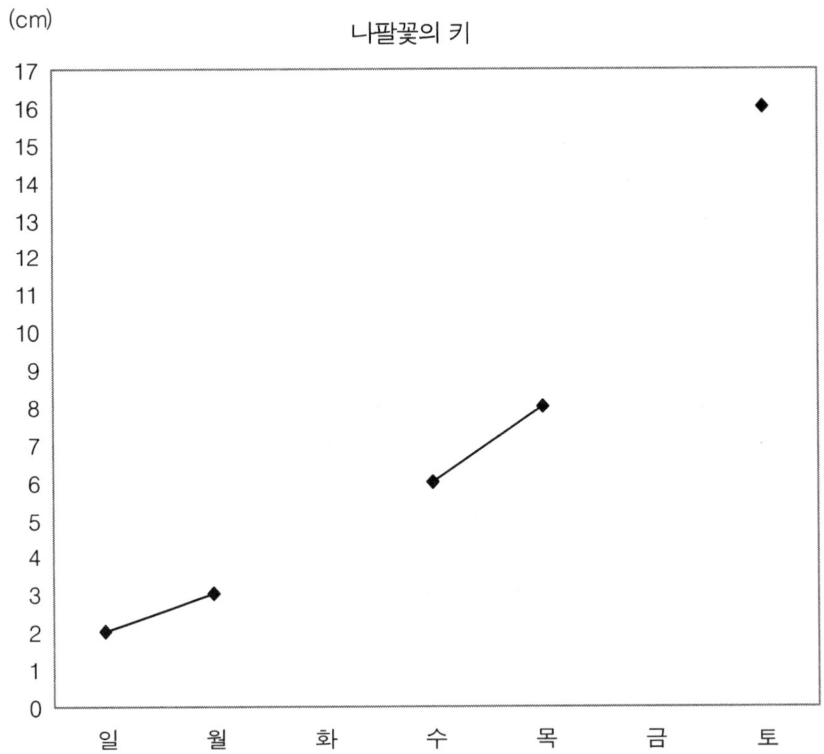

3) 화요일과 금요일에 나팔꽃의 키를 예상해봅시다.

요일	일	월	화	수	목	금	토
나팔꽃의 키(cm)	2	3	($\frac{3+6}{2}=4.5$)	6	8	($\frac{8+16}{2}=12$)	16

4) 꺾은선 그래프의 장점에 대하여 이야기하여 봅시다.

① 조사를 하지 않은 중간값도 예상할 수 있습니다.

② 연속적인 변화와 증가, 감소의 상황을 알기 쉽습니다.

참고문헌

• 한국창의재단(2017). 실용 통계교육을 위한 교사용 가이드북

Challenge

■ 수학영재 핵심 용어 해설 3 : 논리 · 자료와 가능성 영역

1) 학교 근처의 도로에서 10분 동안 지나간 자동차의 대수를 조사하여 분석하려고 합니다.

(가) 10분간 지나간 자동차를 어떤 기준으로 나눌지 분류 기준을 정하여 봅시다.
(예: 버스, 승용차, 트럭, 또는 승용차, 승합차, 버스, 트럭, 기타)

(나) 학교 근처의 도로에서 10분 동안 지나간 자동차의 대수를 분류기준에 따라 표에 기록하여 봅시다.

(다) 조사 자료를 그래프로 나타내어 봅시다.

(라) 자료를 보면서 문제점을 찾아보고 해결방안도 제시해 봅시다.

(마) 분류기준을 바꾼다면 분석결과가 어떻게 변화할지 예상해 봅시다.

2) 다음은 철강 생산능력을 비교하여 나타낸 그림그래프입니다. 그림그래프를 살펴보고 무엇이 잘못되었는지 말해봅시다.

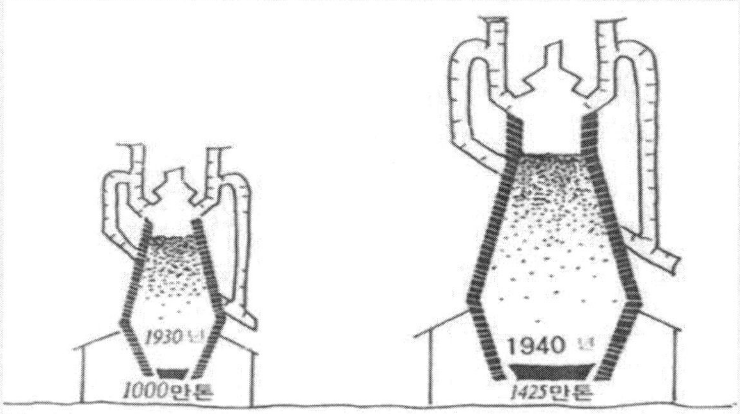

답안지

■ 수학영재 핵심 용어 해설 3 : 논리 · 자료와 가능성 영역

1) 본문 참조

2) 제시된 그림그래프는 1930년부터 1940년 사이에 미국의 철강산업의 제강능력이 크게 늘어났다는 것을 알리기 위해 미국철강협회가 활용하였습니다. 1930년대 1000만 톤의 생산능력이 1940년대 1425만 톤으로 늘어났다는 것을 용광로의 높이로 보여주고 있습니다. 용광로의 높이만으로 본다면 잘못된 부분이 없지만 두 용광로의 부피를 비교해 보면 3배 이상 늘어난 것으로 보입니다.

05 명제 퍼즐

■ 수학영재 핵심 용어 해설 3 : 논리 · 자료와 가능성 영역

명제 퍼즐이란?

명제란 그 내용이 참인지 거짓인지를 명확하게 판별할 수 있는 문장이나 식으로, 어떤 주장을 가진 하나의 판단 내용을 언어 · 기호 · 식 등으로 나타낸 것입니다. 예를 들어 '개는 동물입니다.'와 같이 참이거나 '지구는 네모 모양입니다.'와 같이 거짓임이 명확한 것을 뜻합니다. 그리고 명제 퍼즐이란 수식보다는 논리적 추론을 주로 사용해서 참 · 거짓을 알 수 있는 명제 형태로 구성된 퍼즐을 말합니다.

명제 퍼즐의 필요성

명제 퍼즐에는 숫자퍼즐, 도형퍼즐, 논리퍼즐 등이 있는데 이 중 논리퍼즐은 그 특성상 학생들의 논리, 추론적 사고력을 높이는 데 더 효과적이라고 할 수 있습니다. 따라서 논리퍼즐은 흥미를 유발하는 논리교육의 한 방안으로서 유용하게 활용될 수 있습니다. 또한 논리퍼즐은 행정고시, 외무고시의 1차 시험인 공직적성평가의 3개 영역 중 하나인 언어논리영역 문제에 자주 등장합니다. 로스쿨의 입학 전형 요소 중 하나인 법학적성시험의 영역 중 추리논증이 있는데 이 영역의 문제 중 많은 부분이 논리퍼즐입니다.

명제 퍼즐의 종류

분석명제: 빈 개념이 주 개념 속에 포함되어 있어 주 개념을 분석하면 빈 개념을 얻을 수 있는 판단에 관한 명제입니다. (명제에서 주체가 되는 개념을 주 개념, 그 주체에 관해 주장되는 사태를 빈 개념이라 합니다.)

종합명제: 빈 개념이 주 개념 속에 포함되어 있지 않으면서도 서로 결합하여 있는 판단에 관한 명제입니다. 예를 들어 '비오는 날은 쌀쌀합니다.'라는 명제를 볼 때, 비의 개념에 쌀쌀하다는 성질은 포함되어 있지 않습니다. 그렇지만, 두 개념이 결합되어 있으므로 이를 종합판단, 또는 종합명제라고 부릅니다.

정언명제: 대상 또는 사태에 대하여 단언적으로 말하는 명제입니다. 예를 들어 'S는 P입니다.' 또는 'S는 P가 아니다.'라는 명제입니다. 정언명제는 전칭긍정(A), 전칭부정(E), 특칭긍정(I), 특칭부정(O)의 4가지로 구분하기도 합니다.

가언명제: 어떤 가정이나 조건으로 표현되는 명제입니다. 예를 들어 '만약 고래가 어류라면 고래는 알을 낳을 것입니다.'와 같이 '만약 S가 P라면, Q는 R입니다'의 형태를 지닙니다.

선언명제: 여러 빈 개념 중의 하나에서 진실된 답을 선택하도록 구성되어 있는 명제입니다. 예를 들어 '고래는 어류이거나 포유류입니다.'와 같이 'S는 Pⓐ이거나 Pⓑ입니다.'의 형태를 지닙니다.

연언명제: 둘 혹은 그 이상의 항들이 연언으로 연결되어 있는 명제입니다. 연언명제 'p이고 q입니다'는 p와 q가 모두 참일 경우에만 참이 되고 둘 중 하나라도 거짓이면 거짓이 됩니다. 즉 'p이고 q입니다.'가 참이면 p도 참이고 q도 참이 됩니다.

전칭명제: '모든 S는 P입니다.'의 형식으로 어느 집합에 속한 모든 개체들에 관한 명제입니다.

특칭명제: '어떤 S는 P입니다'의 형식으로 하나 이상의 잘 알지 못하는 개체에 관한 명제입니다.

긍정명제: 'S는 P입니다'(~는~입니다)의 형식으로 긍정하는 명제입니다.

부정명제: 'S는 P가 아니다'(~는~아니다)의 형식으로 부정하는 명제입니다.

아인슈타인 퍼즐

아인슈타인이 어린 시절에 만들었다고 알려진 퍼즐입니다. 이 문제는 아인슈타인이 생전에 직접 이 퍼즐을 고안했으며 전 세계 인구의 2%만 풀 수 있을 것이라고 단언했다는 주장과 함께 제시되지만, 아인슈타인이 만들었다는 증거는 찾을 수 없습니다. 또한 문제에 등장하는 쿨 담배의 경우, 아인슈타인의 어린 시절에는 존재하지 않았습니다. 이 퍼즐은 색상이나 국적, 담배명, 동물이 변형된 다양한 버전이 있습니다. 다음은 명제 퍼즐, 즉 아인슈타인 문제의 해석본입니다.

집의 색, 국적, 마시는 음료, 먹는 음식, 키우는 동물은 모두 다릅니다. 다음과 같은 15개의 정보가 주어졌을 때, 물을 마시는 사람과 얼룩말을 키우는 사람은 각각 어느 나라 사람일까요?

(1) 모두 다섯 채의 집이 일렬로 있습니다.
(2) 호주 사람은 빨간 집에 삽니다.
(3) 이탈리아 사람은 개를 기릅니다.
(4) 초록 집에 사는 사람은 커피를 마십니다.
(5) 우크라이나 사람은 차를 마십니다.
(6) 초록 집은 아이보리색 집의 바로 오른쪽입니다.
(7) 버섯을 먹는 사람은 달팽이를 기릅니다.
(8) 노란 집 사람은 사과를 먹습니다.
(9) 한가운데 집에 사는 사람은 우유를 마십니다.
(10) 노르웨이인은 왼쪽에서 첫 번째 집에 삽니다.
(11) 양파를 먹는 사람은 여우를 기르는 사람 옆집에 삽니다.
(12) 사과를 먹는 사람은 말을 기르는 사람 옆집에 삽니다.
(13) 케이크를 먹는 사람은 오렌지 주스를 마십니다.
(14) 일본인은 바나나를 먹습니다.
(15) 노르웨이인은 파란색 대문에 삽니다.

조건을 하나씩 따져보면 답을 구할 수 있습니다.

문제를 잘 살펴보면 파랑, 빨강, 노랑, 아이보리, 초록색의 집이 있습니다.

	1	2	3	4	5
집의 색	파랑	빨강	노랑	아이보리	초록
국적					
마시는 음료					
먹는 음식					
키우는 동물					

다섯 채의 집은 이런 순서로 나열되어 있습니다.

	1	2	3	4	5
집의 색	파랑	빨강	노랑	아이보리	초록
국적	노르웨이	호주	이탈리아	우크라이나	일본
마시는 음료	오렌지 주스	물	우유	차	커피
먹는 음식	케이크	양파	사과	버섯	바나나
키우는 동물	여우	말	개	달팽이	얼룩말

조건에 맞게 표를 채우면 위와 같은 결과가 나옵니다. 그러므로 물을 마시는 사람은 호주 사람, 얼룩말을 키우는 사람은 일본 사람입니다. 다음은 아인슈타인 문제를 변형한 것입니다.

색깔이 다른 5채의 집이 일렬로 있습니다. 각 집에는 서로 다른 국적을 가진 사람이 살고 있습니다. 다섯 사람은 어떤 종류의 음료를 마시고, 담배를 피며, 동물을 기르고 있습니다. 어떤 두 사람도 음료나 담배, 또는 키우는 동물이 일치하지 않습니다. 다음과 같은 15개의 정보가 주어졌을 때, 금붕어를 키우는 사람은 어느 나라 사람일까요?

(1) 영국인은 빨간 집에 삽니다.
(2) 스웨덴인은 개를 기릅니다.
(3) 덴마크인은 차를 마십니다.
(4) 초록 집은 하얀 집의 왼쪽 집입니다.
(5) 초록 집에 사는 사람은 커피를 마십니다.
(6) 펠멜 담배를 피우는 사람은 새를 기릅니다.
(7) 노란 집 사람은 던힐 담배를 피웁니다.

(8) 한가운데 집에 사는 사람은 우유를 마십니다.
(9) 노르웨이인은 첫 번째 집에 삽니다.
(10) 블렌드 담배를 피우는 사람은 고양이를 기르는 사람 옆집에 삽니다.
(11) 말을 기르는 사람은 던힐 담배를 피우는 사람 옆집에 삽니다.
(12) 블루 매스터 담배를 피우는 사람은 맥주를 마십니다.
(13) 독일인은 프린스 담배를 피웁니다.
(14) 노르웨이인은 파란 집 옆집에 삽니다.
(15) 블렌드 담배를 피우는 사람은 생수를 마시는 사람과 이웃입니다.

이 문제도 아인슈타인 문제와 같은 방법으로 풀면 금붕어를 키우는 사람은 독일인이라는 결과가 나옵니다.

참고문헌

• 이상협(2011). 답은 밖에 있다. 경기: 쌤앤파커스.

1) 어떤 상점에 도둑이 들었습니다. 얼마 후에 훔친 물건들을 찾았고, 갑, 을, 병이라는 3명의 용의자가 지목되었습니다. 그들은 법정에서 다음과 같이 진술하였습니다.

갑: 저는 도둑질을 하지 않았습니다.

을: 병은 확실히 도둑질을 하지 않았습니다.

병: 도둑질을 한 사람은 바로 저입니다.

나중에 용의자 중 2사람은 거짓말을 했다고 자백했습니다. 그렇다면 도둑질을 한 사람은 누구입니까?

2) 교실에 A, B, C, D, E 다섯 학생이 있습니다. A학생은 봉사활동을 매우 좋아해서 기회만 있으면 다른 친구에게 봉사를 하려고 합니다. 다음 진술이 모두 참이라 할 때 A학생이 도움을 준 친구는 누구일까요?

ㄱ: A학생은 B학생에게 도움을 주지 않았습니다.

ㄴ: A학생은 B학생을 돕거나 E학생에게 도움을 주었습니다.

ㄷ: A학생이 C학생을 도와주지 않았다면 B학생을 도왔습니다.

ㄹ: A학생은 C학생을 도왔다면 D학생을 돕지 않았습니다.

3) 전설의 섬 음양도에는 태양인과 소음인이라는 두 부류의 주민들만 삽니다. 외지인들은 이 섬의 태양인과 소음인을 외모로는 구분할 수 없습니다. 또한 남성인지 여성인지 구분할 수 없습니다. 이들을 구분하는 방법은 소음인 여성은 언제나 참말만 하고 남성은 항상 거짓말만 합니다. 반대로 태양인 남성은 항상 참말만 하고 여성은 언제나 태양인 여성은 언제나 거짓말을 합니다. 이렇게 4부류의 사람들이 삽니다.

이 섬의 주민들이자 부부 사이인 A와 B를 만나서 나눈 대화를 볼 때, A, B는 각각 어떤 부류의 사람입니까?

외지인: 당신들은 어떤 부류의 사람입니까?

A: 제 배우자는 태양인입니다.

B: 저희 부부는 둘 다 태양인입니다.

4) 동호회 사람들과 점심을 먹기로 했습니다. A, B, C, D, E 중 한 명은 점심을 먼저 먹었고 그들의 대화는 다음과 같습니다.

A : 나는 점심을 먹지 않았습니다. C도 먹지 않았습니다. D가 먼저 먹었습니다.

B : 나는 점심을 먹지 않았습니다. D도 먹지 않았습니다. E가 먼저 먹고 온 사람을 알고 있습니다.

C : 나는 점심을 먹지 않았습니다. E는 모르는 사람입니다. D가 먼저 먹고 왔습니다.

D : 나는 점심을 먹지 않았습니다. E가 먼저 먹었습니다. A가 내가 먼저 먹었다고 말한 것은 거짓말입니다.

E : 나는 점심을 먹지 않았습니다. B는 먼저 먹었습니다. C와 나는 예전부터 아는 사람입니다.

5명의 사람들이 말한 세 가지 중에서 두 가지는 참이지만 한 가지는 거짓이라고 밝혀졌습니다. 점심을 먼저 먹은 사람은 누구일까요?

답안지

■ 수학영재 핵심 용어 해설 3 : 논리 · 자료와 가능성 영역

1) 갑

2) C, E 학생

3) A: 태양인 여성, B: 소음인 남성

4) B

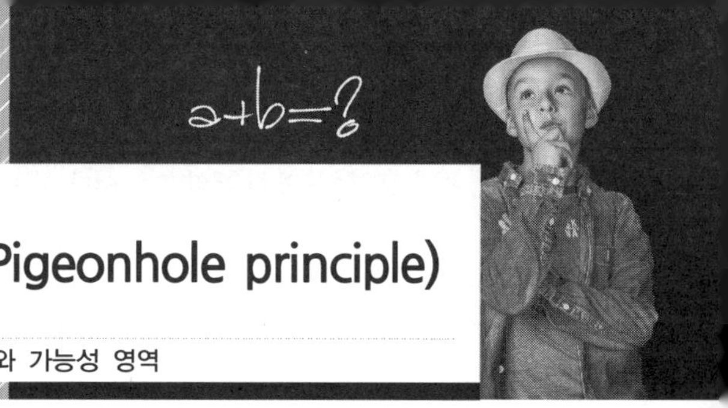

06 비둘기집 원리(Pigeonhole principle)

■ 수학영재 핵심 용어 해설 3 : 논리 · 자료와 가능성 영역

비둘기집 원리란?

비둘기집의 원리는 일반적으로 “만약 많은 수의 물건들을 그보다 많지 않은 집합들로 분류한다면, 그 집합들 중 하나는 물건들을 많이 포함합니다.”라는 표현으로 요약할 수 있습니다.

이 비둘기집의 원리는 19세기에 존재하던 오래된 책상의 구조에서 원리의 해답을 찾을 수 있습니다. 그 당시 오래된 책상 중에는 방구석의 쑥 들어간 곳에 배치하여 편지를 보관하도록 고안된 것이 있었습니다. 19세기의 편지는 종이를 원통형으로 말아서 사용하였고 그 책상에는 이런 편지를 넣기 위한 여러 개의 구멍을 가지고 있었습니다. 그 구멍을 비둘기집(Pigeonholes)이라고 불렀습니다. 즉, 비둘기집 원리에서 말하는 비둘기집은 비둘기가 사는 집이 아니라 편지함인 것입니다. 즉, 비둘기의 원리는 “$n+1$통의 편지가 n개의 비둘기집 안으로 모두 들어가면, 적어도 하나의 비둘기집에는 편지가 두 통 이상 들어갑니다.”라고 말할 수 있습니다.

비둘기집 원리의 유래

독일의 수학자 디리클레가 ‘Schubfach prinzip’이라는 독일어로 1834년에 처음 사용한 것으로 추정되는 이 개념은 번역하면 ‘미닫이창 원리’라고 할 수 있습니다.

1950년대에 독일의 비엔나와 함부르크 지역의 대학들에서 정수론을 연구하면서 ‘Schubfach prinzip’이라는 용어를 널리 사용하였는데, 그 당시 출판된 정수론 관련 책에서는 디리클레의 이름을 쉽게 발견할 수 있었습니다.

프랑스에서는 이 원리를 ‘le principe des tiroirs de Dirichlet(디리클레의 서랍 원리)’라고

불렀고, 포르투칼에서는 'principio da casa dos pombos(비둘기집의 원리)' 또는 'principio das gavetas de Dirichlet(디리클레의 서랍에 관한 원리)'라고 불렀습니다.

영어로 비둘기집 원리(Pigeonhole principle)라는 용어가 처음 사용된 것은 1940 년 로빈슨의 논문 〈On the simultaneous Approximation of Two Real Numbers〉입니다.

비둘기집 원리 탐구

1 개수와 관련된 비둘기집 원리

"$n+1$마리의 비둘기가 n개의 비둘기 집 안으로 모두 들어가면, 적어도 하나의 비둘기 집에는 비둘기가 2마리 이상 들어갑니다."

만약 각 비둘기집에 비둘기가 1마리 이하씩만 들어간다면, 전체 비둘기집에는 기껏해야 n마리의 비둘기가 들어갑니다. 그러나 원래 $n+1$마리의 비둘기가 있으므로 조건에 위반됩니다. 따라서 적어도 하나의 비둘기집에는 비둘기가 2마리 이상 들어가야 합니다. 다만, 어느 비둘기 집에 두 마리 이상의 비둘기가 들어가는지 알 수 없습니다. 단지 두 마리 이상 들어간 비둘기 집이 존재한다는 사실만 보장할 뿐입니다. 유사한 사례로 32명의 사람이 모이면 생일이 같은 날인 사람이 반드시 존재한다는 것은 비둘기 집의 원리를 통해 알 수 있으나 누가 같은 날에 태어난 사람인지, 그날이 언제인지는 알 수 없습니다. 단지 그런 사람이 존재한다는 것을 확인만 할 수 있습니다.

2 비둘기집 원리 활용 방법

1단계: '비둘기'에 해당하는 것이 무엇인지 결정합니다.

2단계: '비둘기집'에 해당하는 것이 무엇인지 결정합니다. 보통의 경우에 하나의 비둘기 집에 비둘기가 두 마리 이상 들어감으로써 문제가 해결됩니다. 따라서 비둘기와 비둘기집을 선택할 때 비둘기의 수가 비둘기집의 수보다 많은 쪽으로 선택하는 것이 유리합니다.

3단계: 비둘기가 비둘기집에 들어가는 방법을 생각합니다.

4단계: 비둘기집 원리를 이용하여 결론을 이끌어 냅니다.

❸ 비둘기집 원리를 활용한 예 1

(1, 2, 3, …, 11)에서 7개의 서로 다른 수를 택하면 그중에는 두 수의 합이 12가 되는 두 수가 반드시 존재합니다. 예를 들면, 1부터 7까지의 수를 골랐다면 그중에는 (5, 7)과 같이 두 수의 합이 12가 되는 두 수가 존재합니다.

1단계: 선택되는 7개의 서로 다른 수를 비둘기로 결정합니다.

2단계: 비둘기의 수가 7이므로, 비둘기의 수보다 작게 비둘기집을 만들어냅니다. 비둘기집을 다음과 같이 6가지 경우로 결정합니다. 자연수의 개수가 두 개인 경우들은 그 자연수의 합이 항상 12가 됨에 유의합니다.

(1, 11), (2, 10), (3, 9), (4, 8), (5, 7), (6)

3단계: 7마리의 비둘기가 6개의 비둘기집에 들어가도록 대응시킵니다. 적어도 하나의 비둘기집에는 비둘기가 두 마리 들어가게 될 것입니다.

4단계: 비둘기집 원리에 의하여 적어도 하나의 경우에는 두 개의 원소가 택해지게 되고, 두 원소의 합이 항상 12가 되도록 비둘기집을 만들었기 때문에 두 수의 합이 12가 되는 두 수가 항상 존재합니다.

❹ 비둘기집 원리를 활용한 예 2

합이 19가 되는 3개의 수를 마음대로 선택합니다. 적어도 하나의 수는 7 이상입니다.

19마리의 비둘기가 3개의 비둘기집에 들어가는 것과 같은 원리입니다. 따라서 비둘기집 원리에 의하여 적어도 하나의 비둘기집에는 7마리의 비둘기가 들어갑니다.

5 비둘기집 원리를 활용한 예 3

10권의 국어책, 20권의 영어책, 8권의 독일어책, 15권의 스페인어책, 25권의 중국어 책이 같은 상자에 들어있습니다. 동일한 언어의 책이 12권 이상 포함되도록 하려면 적어도 몇 권의 책을 뽑아야 할까요?

5가지의 서로 다른 언어는 비둘기집이고, 책은 비둘기라고 생각합시다. 그러면 비둘기집 원리에 의하여 각 비둘기집에서 11마리의 비둘기를 뽑고, 한 마리 더 뽑으면 적어도 하나의 비둘기집에서는 12마리의 비둘기가 뽑히게 됩니다. 그런데 국어책과 독일어책은 11권이 되지 않으므로, 모두 뽑아야 합니다.

즉 $10+11+8+11+11+1=52$이므로 52권의 책을 뽑아야 합니다.

참고문헌

• 김상철(2003). 비둘기집 원리와 그 활용에 관한 연구. 성균관대학교 교육대학원 석사학위 논문.

Challenge

■ 수학영재 핵심 용어 해설 3 : 논리 · 자료와 가능성 영역

※ 비둘기집 원리를 활용하여 다음 문제를 해결해 봅시다.

1) 13명이 모이면 그중에는 같은 달에 태어나는 사람이 적어도 2명 이상 있습니다.

2) 30명의 학생이 시험을 쳤는데 가장 많이 틀린 학생이 12문제를 틀렸습니다. 학급에서 적어도 몇 명의 학생들이 틀린 개수가 같을까요?(같은 번호가 아니라 틀린 개수입니다.)

3) 맛있는 빵 대회에 10개의 빵이 출품되어 심사를 받게 되었습니다. 심사관은 2개의 빵을 선택할 수 있습니다. 2명 이상의 심사관이 같은 선택을 하였다면 최소 몇 명의 심사관이 심사를 했을까요?

답안지

1) 비둘기를 13명, 1월부터 12월까지의 12달을 비둘기집이라고 하면 한 명씩 각 달에 고르게 태어난다고 해도 어느 한 달에는 적어도 2명이 태어나야 합니다.

2) 비둘기를 30명, 비둘기집을 13개(0개~12개)라 할 수 있으므로 적어도 2명의 학생은 틀린 개수가 같습니다.

3) 비둘기가 $\frac{10\times9}{2}=45$가지이므로 비둘기집인 심사관은 최소 46명이어야 합니다.

07 수학적 사고

■ 수학영재 핵심 용어 해설 3 : 논리 · 자료와 가능성 영역

수학적 사고란?

수학 영재에게는 창의적(발산적) 사고와 수학적 사고를 동시에 요구하며, 또한 수학 영재교육에서 이러한 사고의 함양이 필요합니다. 따라서 영재교육에서 수학 영재들에게 창의성과 함께 대표적인 수학적 사고인 연역, 귀납, 유추의 수학적 사고력의 신장을 강조할 필요가 있습니다.

수학적 사고의 함양 방법

수학적 사고력의 신장은 기본적으로 영재학생들에게 다양한 문제 상황에서 귀납과 유추적 사고에 의해 수학적인 개념과 원리, 법칙을 발견 · 발명하고 문제 해결 방법을 정당화하며, 연역적 사고를 통해 여러 가지 수학적 개념, 원리, 법칙 사이의 관련성 및 수학 내·외적인 상황과의 관련성을 파악하여 문제를 수학적으로 해결하는 기회를 제공함으로써 길러질 수 있습니다. 그리고 이와 같은 수학적으로 사고하는 연습과 사고에 대한 학습을 통해 앞으로 영재학생들이 일상생활이나 문제를 해결하는 과정에서 논리적이고 수학적인 방법으로 사고하고 이에 따라 합리적인 결정을 내리는 것이 가능하도록 할 수 있습니다.

수학적 사고 활동

1 다양한 상황에서의 논리적 사고 활동

논리적 사고란 가정에서 결론에 이르는 과정이 수학적 사실에 근거해서 정당하게 이끌어진 사고의 연쇄를 말합니다. 다음과 같은 형식의 논리형 문제를 해결해 가는 단계에서 요구되는 대표적인 수학적 사고입니다.

1) 명탐정 유명한 씨는 어떤 사건을 조사하는 과정에서 네 사람 A, B, C, D 중에서 한 명이 범인이라는 사실을 알았습니다. 용의자 네 명의 진술 중에서 옳은 것은 하나뿐일 때, 옳은 진술을 한 사람과 범인을 찾아봅시다.

A: 범인은 B입니다.
B: 범인은 D입니다.
C: 나는 범인이 아닙니다.
D: B는 거짓말을 하고 있습니다.

풀이) 옳은 진술을 한 사람: D, 범인: C

이유) 네 사람 A, B, C, D 각각을 한 명씩 범인이라고 가정하고, 4명 각각의 진술에 대해서 옳고(○), 그름(×)을 표로 구성해 보면 다음과 같습니다.

범인 \ 진술	A	B	C	D
A	×	×	○	○
B	○	×	○	○
C	×	×	×	○
D	×	○	○	×

2) 거짓말만 하는 사람들과 옳은 말만 하는 사람들, 이렇게 두 종류의 사람들만이 함께 사는 곳이 있다고 합시다. 다음에서 각 사람의 진술을 논리적으로 사고하여 그가 거짓말만 하는 사람인지 아니면 옳은 말만 하는 사람인지를 정해봅시다.

A: 적어도 우리들 중의 한 명은 거짓말쟁이입니다.
B: A는 옳은 말만 하는 사람입니다.
C: B는 거짓말쟁이입니다.

풀이) A: 옳은 말만 하는 사람, B: 옳은 말만 하는 사람, C: 거짓말만 하는 사람

이유) 세 사람 중에서 A가 거짓말쟁이라고 가정하면, B는 거짓말쟁이가 되고, C는

옳은 말만 하는 사람이 됩니다. 즉, 거짓말쟁이는 두 명이 됩니다. 그런데, 거짓말쟁이인 A의 '적어도 우리들 중에 한 명은 거짓말쟁이'라는 진술은 참이 되어 A가 옳은 말을 한 모순되는 상황이 벌어집니다.

A가 옳은 말만 하는 사람이라고 가정하면, B는 옳은 말만 하는 사람이 되고, C는 거짓말만 하는 사람이 됩니다. 즉, 거짓말쟁이는 한 명이 됩니다. 이 상황은 A의 진술과 일치하므로 A가 옳은 말만 하는 사람이라는 가정은 참이 됩니다. 따라서 A와 B는 옳은 말만 하는 사람, C는 거짓말만 하는 사람입니다.

❷ 귀납적 사고 활동

다음 그림과 같이 삼각형의 세 각을 잘라 한 꼭짓점에 모으면 한 직선(①+②+③=180)이 생긴다. 이로써, '삼각형의 내각의 크기의 합은 180°입니다.'라는 사실을 추정할 수 있습니다.

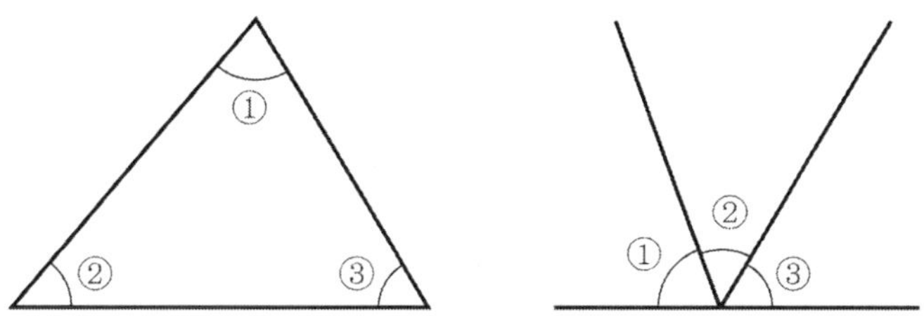

이와 같이, 귀납적 사고란 몇 개의 자료에서 찾아낸 규칙이나 성질이 대상 전체에서 성립하리라 추측하는 것을 말합니다. 교과서에 제시된 귀납적 사고의 사례들은 거의 모두가 참인 결과를 이끌어 내지만, 실생활에서의 귀납적 사고는 개연성(틀릴 가능성)의 특징을 지닙니다. 영재교육에서는 이 성질을 활용해서 다음과 같은 자료들을 통해 영재 학생들의 귀납적 사고 능력을 신장시킬 수 있습니다.

1) 다음 문장에서 마지막 부분의 결론 '그러므로 모든 왼손잡이 선수는 야구를 잘합니다.'가 옳지 않은 이유를 말해봅시다.

> 이승엽 선수는 야구를 잘합니다. 김기태 선수는 야구를 잘합니다.
> 이상훈 선수는 야구를 잘합니다. 양준혁 선수는 야구를 잘합니다.
> 이승엽, 김기태, 이상훈, 양준혁 선수는 왼손잡입니다.
> 그러므로 모든 왼손잡이 선수는 야구를 잘합니다.

이유) 특정한 몇 가지 사례가 참이더라도, 항상 성립한다고 말할 수는 없습니다.

2) 다음 문장을 읽고 이어질 내용을 (　　) 안에 적어봅시다.

> 한 칠면조가 어느 칠면조 농장에서 첫 아침을 맞이하면서 아침 9시에 모이를 준다는 사실을 알게 되었습니다. 그런데 귀납추리에 숙달된 칠면조는 결론으로 비약하지 않았습니다. 칠면조는 아침 9시에 먹이를 준다는 사실은 여러 차례 관찰하여 확인하였습니다. 칠면조는 다양한 조건 아래에서 이러한 관찰을 하였습니다. 수요일과 목요일, 따뜻한 날과 추운 날, 비 오는 날과 맑은 날에 이러한 관찰을 하였습니다. 매일 칠면조는 하나하나의 관찰을 더해나갔습니다. 드디어 칠면조는 충분히 많은 자료가 모였다는 판단 아래 '나는 항상 아침 9시에 모이를 받아먹는다.'라는 결론을 내리게 되었습니다.
>
> (　　　　　　　　　　　　　　　　　　　　　　　　　　　)

풀이) 괄호 안에는 여러 가지 답이 나올 수 있습니다. 다만 귀납적 추론의 개연성과 관련해서 답을 작성한다면 다음과 같이 작성할 수 있을 것입니다.

"많은 사례를 들었지만 전체를 만족할 수 없는 칠면조의 추리는 잘못되었습니다."

3) 다음과 같은 규칙에서 원주 위에 일정한 거리를 두고 점 6개가 존재할 때, 그림을 그려서 분할 면의 개수를 구해봅시다.

점의 개수	1	2	3	4	6
그림	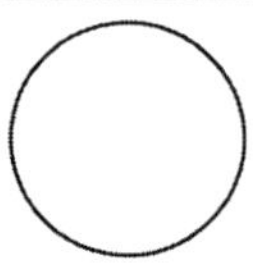	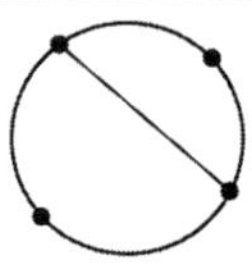		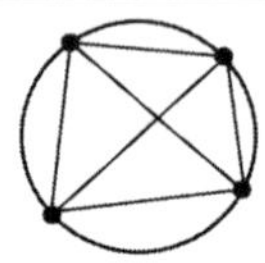	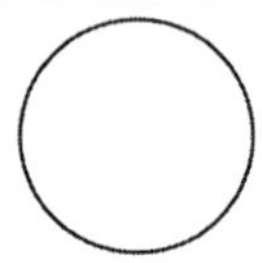
면의 개수	1	2	4	8	

풀이)

점의 개수	6
그림	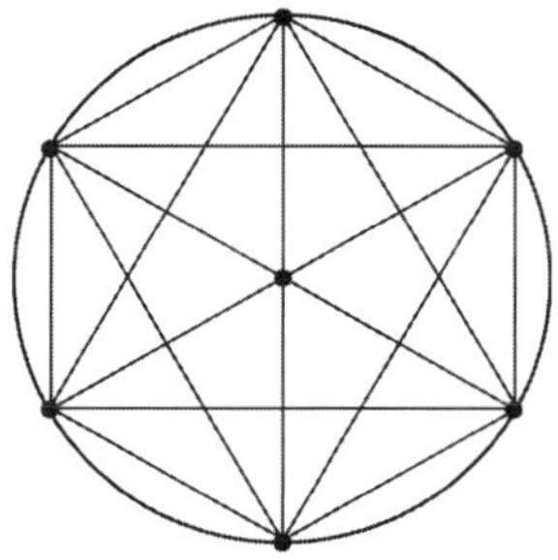
면의 개수	30

귀납적 사고를 함양하기 위해서는 영재교육 수업시간에 다음과 같은 질문들을 해보는 것이 좋습니다.

가. 공통점이 있는 자료를 모아볼까?
나. 어떤 규칙이 있는가 생각해볼까?
다. 어떤 추측이 가능할까?
라. 이와 비슷한 경우를 더 알아보려면 어떻게 해야 할까?

❸ 연역적 사고 활동

다음 그림과 같이 삼각형 ABC에서 선분 AB에 평행한 선분 EC를 긋고, 또 선분 BC의 연장선 위에 점 D를 잡으면, 선분 AB와 EC는 평행이므로 ①=④, ②=⑤입니다. 이때, ①+②+③=③+④+⑤=180°입니다.

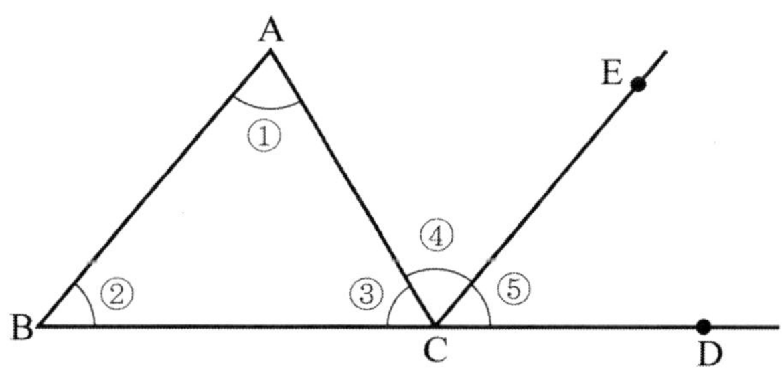

이와 같이, 가정에서 이미 옳다고 인정된 사실(평행선의 성질)을 써서 결론을 이끌어 내는 사고 방법을 연역적 사고라고 합니다. 수학적 사실을 증명하는 과정에서 요구되는 대부분의 사고 작용은 연역적 사고라 할 수 있습니다. 일반적으로 연역적 사고와 관련하여 영재교육에서 활용할 수 있는 대표적인 문제로 다음과 같이 영재 학생들이 문제를 해결하기 위한 적절한 가설을 설정하고 수학적 사실을 활용해서 타당한 결론을 이끌어 내는 페르미 문제를 들 수 있습니다.

문제) 본인의 생각대로 각자가 합리적인 조건(가정)을 세워서, 시카고에 피아노 조율사는 몇 명이나 있을지 알아보세요.

풀이) 다음과 같이 가정합시다.

(1) 근사적으로 시카고에는 5,000,000명이 살고 있습니다.
(2) 평균적으로 시카고에서 한 가구는 두 명으로 구성됩니다.
(3) 대략 20가구당 한 가구는 정기적으로 조율을 받는 피아노를 가지고 있습니다.
(4) 정기적으로 조율을 받는 피아노는 평균적으로 약 1년에 한번 꼴로 조율을 받는다.
(5) 이동 시간을 포함해서 조율사는 피아노를 조율하는 데 대략 2시간을 소모합니다.
(6) 각각의 조율사는 하루에 8시간 주 5일로 1년에 50주를 근무합니다.

그러면 시카고에 있는 피아노 조율사는 다음과 같이 계산할 수 있습니다.

시카고에서 1년 동안 이루어지는 피아노 조율 횟수:

(시카고 인구: 5,000,000명) ÷ (2명/1가구) × (1개 피아노/20가구)
× (1회 피아노 조율/1년) = 125,000건

조율사가 1년 동안 작업하는 횟수:

(50주/1년) × (5일/1주) × (8시간/1일) ÷ (2시간/1회 피아노 조율) = 1,000회

위의 계산 결과를 종합하면

피아노 조율사의 수:

(시카고에서 1년 동안 이루어지는 피아노 조율 125,000건) ÷

(한 명의 조율사가 1년 동안 작업하는 횟수 1,000회)＝125명

따라서, 시카고에는 피아노 조율사가 125명이 있음을 추정할 수 있습니다.

연역적 사고를 함양하기 위해서는 영재교육 수업시간에 다음과 같은 질문들을 해보는 것이 좋습니다.

가. 왜 그렇지?
나. 왜 옳을까?
다. 왜 틀릴까?
라. 항상 그렇게 될까?
마. 성립되지 않는 경우는 없을까?
바. 이것이 참이려면 무엇을 밝히거나 알아야 할까?

4 유추적 사고 활동

다음 그림에서 왼쪽 도형의 넓이는 둥근 부분을 등적변형한 직사각형의 넓이로 구할 수 있습니다. 그리고 이 사실에서 평행사변형의 넓이도 등적변형한 직사각형의 넓이로 구할 수 있을 것이란 사실을 생각해 낼 수 있습니다. 이와 같이 어떤 상황 A에 대한 법칙, 성질, 해결방법이 A와 유사한 상황 A'에서도 성립할 것이라고 추측하는 생각을 유추적 사고라고 합니다.

상황 A	상황 A'
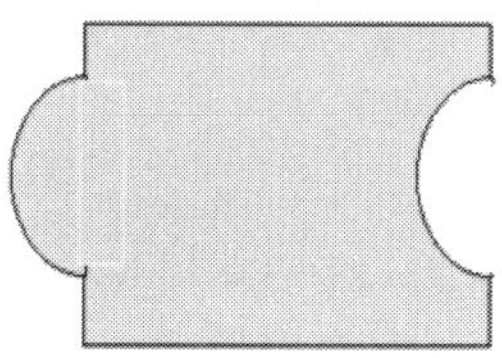	

1) 다음에 들어갈 그림을 A~H로 표현해보세요.

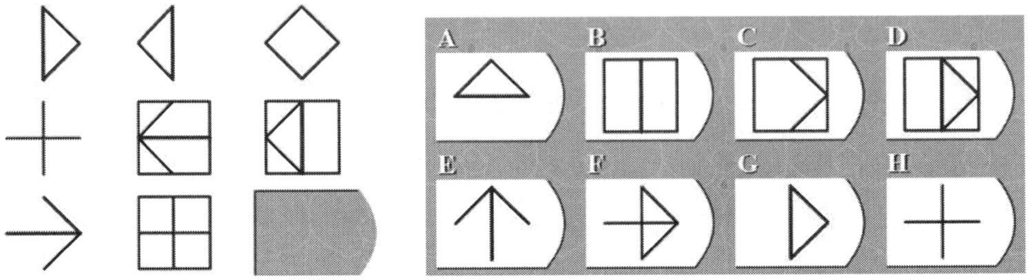

풀이) 위의 두 줄의 그림에서 유추해보면, 각 줄에서 맨 오른쪽 도형은 왼쪽의 두 도형이 만나서 겹치는 부분이 없어지고 남은 도형이므로 답은 D입니다.

2) 다음에 들어갈 그림을 A~H로 표현해보세요.

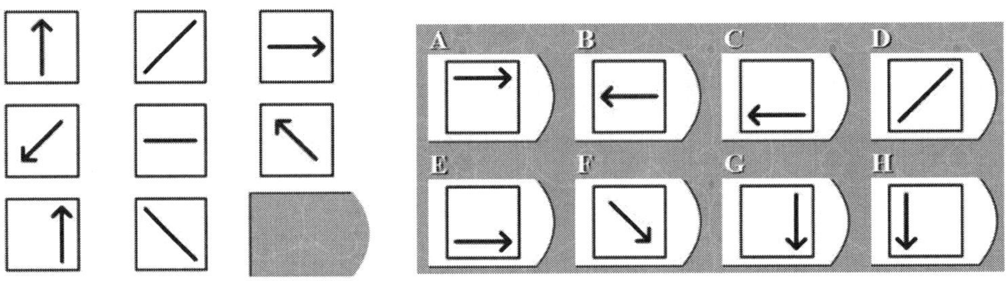

풀이) 위의 두 줄의 그림에서 유추해보면, 각 줄에서 맨 오른쪽 도형은 맨 왼쪽의 도형을 가운데 도형을 축으로 대칭이동한 형태입니다. 따라서 답은 C입니다.

유추적 사고를 함양하기 위해서는 영재교육 수업시간에 다음과 같은 질문들을 해보는 것이 좋습니다.

가. 알고 있는 방법과 마찬가지로 할 수 있을까?
나. 유사한 문제를 본 적이 있나요?
다. 예전에 풀어 보았던 문제와 공통점이 있을까?
라. 전에 배웠던 내용이 도움이 될까요?

참고문헌

- 이병덕(2015). 논리적 추론과 증명. 서울: 이제이북스.
- 페르미 문제에 대한 문제해결력과 정당화 과정, 한국교원대학교 교육대학원석사학위논문, 송설란, 2011.
- http://www.iqtest.dk: 14번, 34번, 35번.

Challenge

■ 수학영재 핵심 용어 해설 3 : 논리 · 자료와 가능성 영역

1) 거짓말만 하는 사람들과 옳은 말만 하는 사람들, 이렇게 두 종류의 사람들만이 함께 사는 곳이 있습니다. 다음에서 각 사람의 진술을 논리적으로 사고하여 그가 거짓말만 하는 사람인지, 옳은 말만 하는 사람인지를 정해봅시다.

A: 내가 거짓말쟁이거나 또는 B는 옳은 말만 하는 사람입니다. B는 아무 말도 하지 않았습니다.

2) 페르미 문제: 교통 체증으로 두 사거리 사이 도로에 차가 가득 차 있습니다. 도로에 있는 차들은 모두 몇 대인지 구해봅시다.

3) 다음에 들어갈 그림을 A~H로 표현해봅시다.

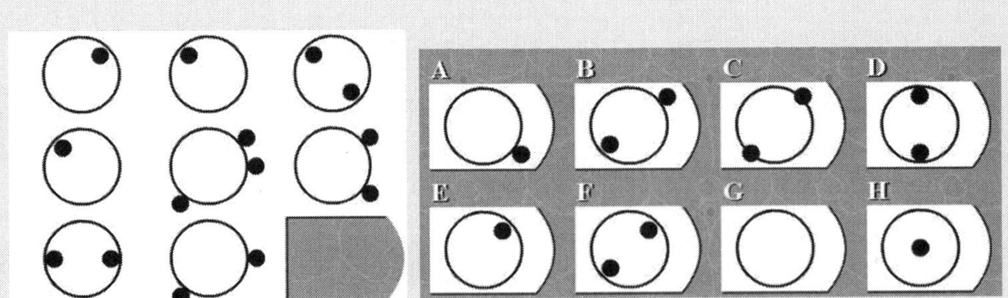

답안지

1) A: 옳은 말만 하는 사람, B: 옳은 말만 하는 사람

이유: A가 거짓말쟁이라고 가정하면, A의 진술에서 앞부분의 내가 거짓말쟁이라고 참인 말을 했기 때문에 모순이 발생합니다. 따라서, A는 거짓말쟁이가 아니라면 당연히 옳은 말만 하는 사람이 되어야 합니다. 그리고 A가 옳은 말만 하는 사람인데, A의 진술에서 본인이 거짓말쟁이라고 한 부분은 옳지 않으므로 '또는'으로 연결된 뒤의 문장이 참이어야 합니다. 따라서, B는 옳은 말만 하는 사람입니다.

2) 다음과 같이 가정합시다.

(1) 두 사거리 사이의 거리는 150m입니다.

(2) 여러 종류의 차가 있지만, 차 한 대당 길이는 평균적으로 3.6m입니다.

(3) 안전거리를 유지한 모든 차들 간의 거리는 2m입니다.

(4) 4차선 도로입니다.

그러면 두 사거리 사이에 있는 모든 차들의 대수는 다음과 같이 계산할 수 있습니다. 한 차선에 있는 모든 차들의 대수를 x라 하면,

$$3.6x + 2(x+1) = 150$$

계산해서 정리하면 $x = 26.9$

따라서, 4차선 도로에 있는 차의 총 대수는 $26.9 \times 4 = 108$대로 대략 108대가 있음을 추정할 수 있습니다.

3) 위의 두 줄과 왼쪽의 두 열에 위치한 그림들에서 유추해보면, 각각의 열과 줄에서 맨 오른쪽과 아래의 도형은 다른 두 도형의 큰 원 안의 작은 원이 안과 밖의 동일한 위치에 있으면 더하고, 위치가 다르면 빼는 규칙이 있습니다. 따라서 답은 G입니다.

08 암호(cryptograph)

■ 수학영재 핵심 용어 해설 3 : 논리 · 자료와 가능성 영역

암호란?

암호화하기 전의 문자열을 평문, 암호화한 문자열을 암호문, 암호문을 평문으로 바꾸는 조작을 복호라고 합니다. 암호와 그 해독은 군사적인 측면에서 정보전의 일환으로 오랜 전통을 갖습니다. 대체로 암호는 사용 기구에 따라 기계암호, 스트립식 암호, 서식암호 등으로 분류합니다. 세계 최초의 암호는 스파르타 시대의 스키테일 암호입니다. 이것은 폭이 일정한 종이테이프를 원통에 서로 겹치지 않도록 감아서 그 테이프 위에 세로쓰기를 하는 방식으로, 그 테이프를 풀면 처음과 다른 글자가 되어 판독할 수 없으나, 통신문을 처음 기록할 때 사용한 것과 같은 지름을 가진 원통에 감아보면 그 내용을 알 수 있습니다.

생활 속의 암호

주민등록번호에도 암호가 숨어 있습니다. 국가에서는 주민등록증을 위조하거나 거짓으로 사용하는 것을 적발하기 위하여 국가에서만 아는 번호를 지정합니다. 또한 모든 책은 이 세상에 단 한 가지만 존재합니다. 저자가 똑같은 내용의 책을 다시 출간한다고 해도 마찬가지입니다. 일단 펴낸 책은 유일한 것으로 이것을 잘 나타낸 것이 책마다 부여되는 ISBN(International Standard Book Number) 코드입니다. ISBN은 번호 계열로 구성되어 있으며 최근에 나온 책들은 이 번호 하나로 책 제목에서부터 재고 상황까지 모두 파악할 수 있습니다. 서점에 가서 찾고자 하는 책의 ISBN만 대면 그 책이 무슨 책인지, 주문 가능한지, 언제쯤 배달 가능한지를 알 수 있습니다. ISBN을 잘못 제시하면 엉뚱한 책을 주문하는 것이 됩니다. 은행에서 사용하는 계좌번호나 신용카드 번호 속에도 암호가 있습니다. 은행마다 다른 암호 체계를 사용하고 있는데 이것은 정보를 보호할 뿐만 아니라 사용자가 잘못 입력하거나 처리과정에서 오류가 생기는 것을 방지합니다.

최근 정보 네트워크의 발달에 따른 안전관리의 일환으로서 상업용에도 암호기술이 널리 이용되고 있습니다. 암호에는 암호화와 복호에 동일의 키를 이용한 공통키 암호방식과 1970년대에 개발된 공개키 암호방식이 있습니다. IBM사가 개발한 DES(Data Encryption Standard)는 공통키 암호방식의 대표적인 예입니다. 이 암호법이 1997년 6월에 해독되어 미국 상무부표준화국(NIST)은 AES(Advanced Encryption Standard)를 책정하였습니다. 공개키 암호방식의 대표적인 예로는 PGP(Pretty Good Privacy)와 RSA암호가 있고 인터넷에서 널리 이용되고 있습니다.

암호 탐구

1 우리생활 속에 숨어 있는 암호 알아보기

1. 주민등록번호 속에 숨어 있는 암호에 대하여 알아봅시다. 주민등록번호에는 어떤 암호가 숨어 있을까요? 다음은 어떤 사람의 주민등록번호입니다. 주민등록번호는 뒷자리 맨 끝 번호가 바로 열쇠입니다. 앞자리는 생년월일입니다. 뒷자리 번호 중 1은 남자라는 뜻이고 10068은 시, 군, 동 등 행정구역 번호입니다. 문제는 네모 안의 번호, 그 번호가 이 사람의 암호입니다.

920326 − 110068□

그렇다면 마지막 숫자는 어떻게 지정할까요?

다음과 같이 먼저 920326110068까지 적고 그 밑에 234567892345를 놓습니다.

9 2 0 3 2 6 1 1 0 0 6 8

2 3 4 5 6 7 8 9 2 3 4 5

그리고 위에 있는 수와 아래 있는 수를 각각 곱한 것을 다음과 같이 모두 더합니다. ‘9×2 + 2×3 + 0×4 + …’ 이렇게 말이죠. 그러면 174가 나옵니다. 그렇다면 ‘174 + □ = 11의 배수'가 되도록 네모 안의 숫자를 만들어야 합니다. 네모 안의 숫자가 바로 맨 마지막에 넣는 숫자입니다. 11의 배수가 되도록 한 이유는 11이 10보다 큰 소수 가운데 제일 작은 자연수이기 때문입니다. 174보다 큰 수에서 11의 배수는 176입니다. 그렇다면 □ 안에 들어가야 할 수는 2입니다. 따라서 이 사람의 주민등록번호는 920326－1100682입니다.

2. 책 속에 숨어 있는 암호에 대하여 알아봅시다. 책에도 주민등록번호와 같은 고유한 번호가 있습니다. 이것이 바로 국제표준도서번호인 ISBN입니다. 지금 발행되는 책 뒤에는 ISBN이 적혀 있습니다. 10자리 숫자 가운데 마지막 숫자가 암호에 해당됩니다. ISBN은 국가명, 출판사명, 책 제목 등을 적은 일종의 암호입니다. ISBN이 89－8475－050－□인 책이 있습니다. 이번에도 마지막 숫자는 나타나 있지 않습니다. 하지만 마지막 숫자를 지정하는 방법은 주민등록번호 끝자리 정하는 것과 비슷합니다.

8 9 8 4 7 5 0 5 0

10 9 8 7 6 5 4 3 2

아래와 위를 각각 곱해서 모두 더하면 335입니다. 그렇다면 '335＋□＝11의 배수'가 되도록 □ 안의 수를 찾으면 6입니다. 6을 넣으면 11의 배수가 됩니다. 현재 발행되고 있는 모든 책은 이 마지막 숫자를 받음으로써 국가, 출판사, 그 출판사의 몇 번째 책인지를 알려줍니다.

3. 은행의 신용카드 속에 숨어 있는 암호에 대하여 알아봅시다.

카드번호 하나를 예를 들어보겠습니다.

0 6 9 9　0 0 4 3　1 3 1 3　9 6 4 2

오른쪽부터 순서를 매겨 봅니다. 즉 맨 끝의 2가 첫 번째 자리가 되며, 제일 왼쪽의 0은 열여섯 번째가 됩니다. 홀수 번째 숫자를 선택해서 그대로 내려씁니다.

0 6 9 9　0 0 4 3　1 3 1 3　9 6 4 2

6　9　0　3　3　3　6　2

이제 짝수 번째 있는 숫자를 두 배 곱하여 역시 내려씁니다. 만약 두 배한 결과가 9보다 크면, 9를 다시 뺍니다. 그 결과는 다음과 같습니다.

0 6 9 9 0 0 4 3 1 3 1 3 9 6 4 2

0 6 9 9 0 0 8 3 2 3 2 3 9 6 8 2

맨 아래 줄에 나온 번호의 수를 모두 더합니다.

$$0+6+9+9+0+0+8+3+2+3+2+3+9+6+8+2$$

신용카드의 번호는 덧셈의 결과가 10의 배수여야 합니다. 이 문제의 합도 70이므로 올바른 번호라고 할 수 있습니다. 그러나 역으로 합이 10의 배수라고 해도 반드시 처음 번호가 유효한 신용카드 번호라고 장담할 수 없습니다. 단지, 신용카드의 번호가 검사 수를 통과했을 뿐입니다.

2 고대의 암호

1. 최초의 암호는 기원전 5세기 무렵에 고대 그리스인들이 사용한 '스키테일(Scytale)'입니다. 스키테일이란 둥근 막대기에 기다란 양피지를 둘둘 말아 가로로 글을 써 놓은 뒤 다시 펴면 세로로 쓰인 글자의 순서가 뒤죽박죽이 되고, 다시 똑같은 굵기의 막대기에 양피지를 감으면 원래의 통신문이 나타나는 형태의 암호문입니다. 이 암호를 해독하려면 전선에 있는 장군과 국왕이 같은 스키테일을 가지고 있어야 합니다. 오늘날 스키테일은 단순한 암호로 분류되지만 당시에는 전쟁을 승리로 이끌 수 있는 중요한 암호였다고 합니다.

그리스 스파르타군이 사용한 최초의 암호에 대하여 알아봅시다. 최근에는 암호가 인터넷 등에서 많이 쓰이고 있지만, 처음에 암호는 주로 군사적 목적에서 사용되었습니다. 전달하는 내용을 제3자가 판독할 수 없도록 글자나 숫자, 혹은 기호를 사용해 전달 내용을 적은 것입니다. 무적 군대 스파르타군이 최초로 사용한 암호 역시 '스키테일(Scytale)'입니다.

고대 그리스와 스파르타가 한창 지중해의 패권을 놓고 싸움을 벌이던 때에, 스파르타군을 이끌고 있는 다비키라우스 장군이 왕에게 다음과 같은 전보를 보냈다고 합시다.

'부로보전군내동으를선대라'

그럼, 이 암호를 어떻게 푸는지 알아볼까요?

첫째, 먼저 절대 암호를 알아야 합니다. '안냐세요'를 생각해봅시다. 이 네 글자는 다비키라우스 장군과 왕만이 알고 있는 절대 암호입니다. 이제 '안냐세요'를 가나다 순으로 다음과 같이 번호를 매깁니다. 그럼 '냐'가 1번, '세'가 2번, '안'이 3번, '요'가 4번이 됩니다.

안	냐	세	요
3	1	2	4

둘째, 번호 순서대로 밑에 '부로보전군내동으를선대라'를 세로로 칸에 맞게 채워 넣습니다. 가령, '냐' 밑에는 '부로보', 이렇게 말입니다. 그렇게 번호 순서대로 세로로 칸을 채우면 한 문장이 나타납니다.

안	냐	세	요
3	1	2	4
동	부	전	선
으	로	군	대
를	보	내	라

이런 스파르타 암호는 수천 년이 지난 20세기 2차 대전 때도 연합군과 독일군이 사용했습니다. 암호가 혹시 내부의 스파이 때문에 적에게 전달된다고 해도 4시간은 문제없었다고 합니다. 암호를 푸는 동안 벌써 작전에 들어갔을 테니까요.

2. 로마에서 사용된 시저방식은 50년경 로마의 황제인 시저(J. Caeser)가 사용한 방법으로 키케로(M. Cicero)에게 보냈던 암호가 기록으로 남아 있습니다. 이 암호 체계는 너무 간단하여 해독이 매우 쉬운 형태로, 암호를 보내는 사람과 암호를 받는 사람이 모두 암호를 해독하기 위한 해독 방법을 알고 있어야 합니다. 그후 16세기에 들어와 프랑스인 비지넬(Vigenere)이 최초의 근대 암호를 만들어 복잡한 표를 미리 만들어 두고 이에 따라 암호를 조립하거나 푸는 방법을 사용하였습니다.

시저가 키케로나 친구들에게 편지를 쓸 때 사용한 암호가 있습니다. 시저는 다른 사람들이 알아보지 못하도록 문자들을 다른 문자들로 치환을 하였습니다. 다른 사람들이 암호를 풀어 문자를 해독하려면 각 문자 대신 알파벳 순서로 보았을 때 그 문자를 다른 문자로 바꾸어야 하는 것입니다.

원문	RETURN TO ROME
암호문	UHWXUQ WR URPH

이것은 뒤에서 3번째 문자로 바꾸어야 암호문이 해독됩니다.

참고문헌

• 경북교육청(2003). 영재 심화 교수 – 학습 자료.

Challenge

1) 무적 군대 스파르타군이 최초로 사용한 암호는 '스키테일(Scytale)'이라는 암호로 알려져 있습니다. 다음 스키테일 암호를 해독해 봅시다. (절대 암호는 '친구야 사랑해'입니다.)

재능위로한고발별이이타개특램동란을해그아영재기프요난하한필다

2) 다음 암호문을 시저가 사용한 암호 체계로 해독해 봅시다.

① BRX FDQ ZULWH D OHWWHU

② N QNPJ PTWJF

답안지

■ 수학영재 핵심 용어 해설 3 : 논리 · 자료와 가능성 영역

1)

친	구	야	사	랑	해
5	1	4	3	2	6
영	재	란	타	고	난
재	능	을	개	발	하
기	위	해	특	별	한
프	로	그	램	이	필
요	한	아	동	이	다

2)

① YOU CAN WRITE A LETTER

② I LIKE KOREA

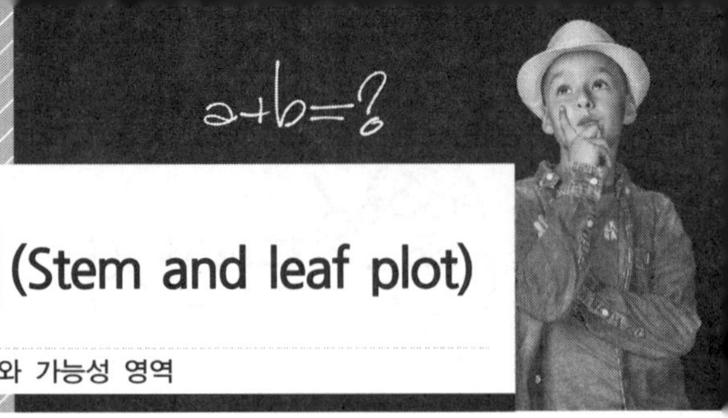

09 줄기와 잎 그림(Stem and leaf plot)

■ 수학영재 핵심 용어 해설 3 : 논리 · 자료와 가능성 영역

줄기와 잎 그림이란?

줄기와 잎 그림이란 통계학에서 통계적 자료를 표 형태와 그래프 형태의 혼합된 방법으로 나타내는 것을 말합니다. 변수의 값을 자릿수에 의거하여 나누어서 앞자리는 줄기로 하고, 뒷자리는 잎이라 하여 이를 그림으로 제시한 도수분포입니다.

예를 들면, 어떤 변수의 값이 '12, 17, 22, 23, 25, 27, 31, 35, 38'이라면 십의 자리는 줄기이고 일의 자리는 잎으로서 다음과 같이 제시됩니다.

줄기	잎
1	2 7
2	2 3 5 7
3	1 5 8

위에서 굵은 숫자는 십의 자리 수로서 줄기에 해당하고 나머지 숫자는 일의 자리 수로서 잎에 해당합니다.

이때 표에서의 줄기는 자료들의 공통되는 부분을 모아놓게 되며, 잎은 줄기 부분의 나머지 부분을 모아둡니다. 도수는 한 줄기에 속하는 자료의 개수를 의미합니다.

줄기와 잎 그림 탐구

자료의 수가 많아진다면 단순한 표만으로는 수량을 비교하기가 쉽지 않아 다음과 같이 그림으로 나타낼 수 있습니다.

1. 현준이네 마을에는 30대에서 70대까지의 어른들이 살고 있는데 현준이는 마을 어른들의 나이를 표로 정리했습니다.

<어른들의 나이>

(세)

43	61	56	41	39	51	62
33	58	41	30	42	34	67
73	46	37	44	38	49	53
52	45	72	59	43	31	69

그런데 어른들의 나이가 한눈에 들어오지 않아 나이를 쉽게 알 수 있는 방법을 고민했습니다. 막대그래프를 그릴까 생각했지만 개개인의 나이를 알 수가 없었습니다. 어떤 그래프를 그리면 어른들의 나이를 한눈에 알아보고 개개인의 나이도 알 수가 있을까요? 표 같기도 하고 그래프 같기도 한 그래프가 있습니다.

다음과 같이 그림을 만들어 봅시다.

어른들의 나이에서 큰 자릿값을 기준으로 십의 자리의 숫자인 3, 4, 5, 6, 7을 세로선 왼쪽의 줄기에 쓰고, 일의 자리 숫자를 자료에 있는 순서대로 세로선 오른쪽에 있는 잎 부분에 기록해 보면 다음과 같습니다.

줄기의 수는 십의 자리, 잎의 수는 일의 자리를 나타낸다.

위에서부터 읽으면 39, 33, 30세... 가 됩니다.

<어른들의 나이>

(세)

줄기	잎								
3	9	3	0	4	7	8	1		
4	3	1	1	2	6	4	9	5	3
5	6	1	8	3	2	9			
6	1	2	7	9					
7	3	2							

이와 같이 어떤 자료를 보고 큰 자릿값은 줄기에, 작은 자릿값은 잎에 써서 나타내는 그림을 '줄기와 잎 그림'이라고 합니다. 줄기와 잎 그림은 표와 그래프를 혼합한 것입니다. 줄기와 잎 그림에서 왼쪽에 있는 수를 줄기, 오른쪽에 있는 수를 잎이라고 합니다. 잎이 가장 긴 줄이 여러 나이가 모여 있는 곳입니다. 위의 그림에서 줄기가 4인 경우가 가장 많고, 줄기가 7인 경우가 가장 적으니까 40대가 가장 많고 70대가 가장 적다는 것을 알 수 있습니다.

각 자료의 수량을 모두 나타낼 수 있고 자료의 전체적인 특징도 알 수 있는 장점이 있습니다. 위의 줄기와 잎 그림을 보면 어른들의 나이가 하나도 없어지지 않고 그대로 있는 것을 알 수 있습니다. 또 어느 나이대가 가장 많고 적은지도 한눈에 금방 알 수 있습니다. 하지만 자료의 양이 많으면 시간이 오래 걸려서 만들기가 어렵다는 단점도 있습니다.

2. 줄기와 잎 그림 그리는 방법

① 줄기와 잎을 정합니다.
② 세로 선을 긋고, 세로 축 왼쪽 줄기에 숫자를 씁니다.
③ 세로 선의 오른쪽 잎에 숫자를 씁니다.
④ 알맞은 제목을 붙입니다.

Challenge

■ 수학영재 핵심 용어 해설 3 : 논리 · 자료와 가능성 영역

▶ 다음은 어느 마을 20가구의 지난 8월 한달 동안의 수돗물 사용량을 조사한 것입니다.

(톤)

19 25 26 18 25 22 16 11 30 17

23 18 25 28 21 31 14 22 19 27

1) 자료를 줄기와 잎 그림으로 나타내 봅시다.

2) 사용량이 10톤 이상 20톤 미만인 가구의 수는 얼마입니까?

3) 사용량이 10톤 이상 20톤 미만인 가구의 수를 쉽게 찾을 수 있었습니까?

4) 필요한 정보를 효과적으로 찾고 자료의 분포 상태를 쉽게 알아보기 위해서는 어떻게 하면 될까요?

답안지

1)

〈8월 한 달 동안의 수돗물 사용량〉

줄기	잎
3	0 1
2	1 2 2 3 5 5 5 6 7 8
1	1 4 6 7 8 8 9 9

2) 8가구

3) 줄기가 1인 경우의 잎에 해당하는 수를 세면 쉽게 알 수 있습니다.

4) 자료에서 십의 자리 1, 2, 3을 줄기로 하고, 각각의 줄기에 대하여 일의 자리를 나열하면 자료의 분포 상태를 쉽게 알아볼 수 있습니다.

10 통계조사 방법

■ 수학영재 핵심 용어 해설 3 : 논리 · 자료와 가능성 영역

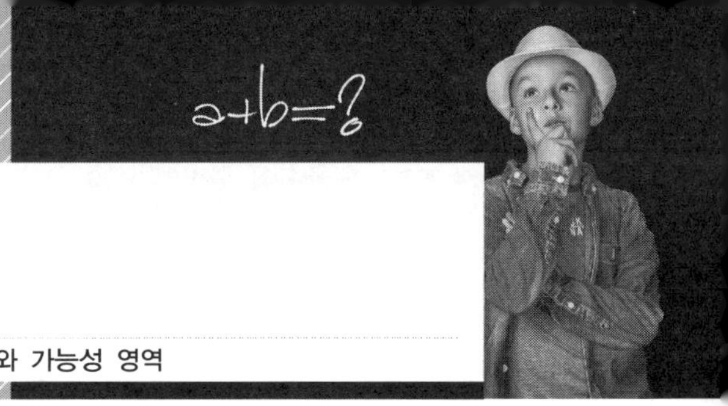

통계란?

통계란 '모든 사회 및 자연현상을 나타내주는 의미를 가진 수치'입니다. 다시 말해서 사람이나 사물, 사건 등을 대상으로 조사하고 그 결과를 구체적인 숫자로 나타낸 것입니다. 개별 자료로는 잘 알 수 없지만 많은 자료를 합하여 통계를 만들어 보면 하나의 현상을 명확하게 파악할 수 있게 됩니다.

통계 자료를 조사하고 분석하는 데에는 주로 표와 그래프가 사용됩니다. 특히 그래프는 복잡한 통계 자료를 간단하게 나타낼 수 있습니다. 통계학(statistics)이란 용어는 원래 이탈리아어로 '정치가(statista)'에서 유래되어 19세기 중반까지는 정치적 상황과 관련된 자료를 조사하고, 연구하는 데 사용되었습니다. 그러나 이후, 사회적인 현상이나 수학, 자연과학, 교육학 등 다양한 분야에서 사용되고 있습니다.

이러한 통계를 이용하면 앞으로 일어날 상황을 예측할 수 있으므로 국가는 물론 회사에서도 계획을 수립할 때 통계를 이용합니다. 통계의 예를 들면 인구, 국토면적, 평균기온, 강수량, 실업률, 국민소득, 학생 수 등이 있습니다.

통계의 역사

국가가 징세 · 징병, 다른 어떤 목적을 위해 호적이나 토지대장을 만들어 이것을 근거로 통계를 작성한 것은 예로부터 있었던 일입니다. 고대 로마에서의 인구에 대한 신고조사는 '센서스'라 불렀으며, 오늘날까지 그 명칭이 전합니다. 또 중국에는 전한 말기 이래 '호수 인구수'라는 기록이 남아 있습니다. 그러나 통일국가가 무너지고 봉건적 분권화가 진행된 중세에는 신뢰할 만한 인구통계를 거의 남기지 못했습니다.

근대적 통계는 19세기 초의 유럽에서 성립되었으며, 이때부터 인구의 정확성이 구축되어 갔습니다. 정부통계의 개선에 크게 공헌한 사람은 케틀레(L. A. J. Quetelet)로서 그는 1853년 제1회 국제통계회의를 개최하고 통계의 보급과 발전에 힘썼습니다. 19세기 중엽 선진국들의 통계제도는 정비되었으며, 통계의 대상도 인구 · 범죄에서 폭을 넓혀 산업 · 무역도 포함하게 되었고, 19세기 후반에는 특히 사회문제가 중요시되어 가계조사 등의 통계까지 등장하였으며, 20세기에 들어와 선진국들의 통계는 더욱 확충 · 강화되었습니다.

제1차 세계대전을 고비로 국가가 경제정책 · 사회보장정책 등 국민생활의 여러 부문에 걸쳐 정책적 개입을 다면화함에 따라 각종 통계가 필요하게 되었으며, 이와 같은 통계들은 국민경제 전체를 포괄적으로 파악할 수 있는 하나의 방법론으로 확립됨으로써 통계의 체계가 특히 경제면을 중심으로 정비되어 갔습니다. 그러나 일부 사회주의 국가는 국민경제계산에 있어 상호 비교 가능성이 문제가 되고 있습니다. 또 일부 개발도상국 중에는 인구, 중요물자, 생산량 등 기초적 통계에 있어서도 국제적 신뢰를 얻지 못하는 나라도 있습니다.

통계는 재정부담이나 프라이버시 의식의 발달로 조사실시에 어려움이 더욱 증대되고 있으며, 이에 대비하여 앞으로의 통계는 조사의 개폐 · 신설과 컴퓨터 등 새로운 정보기술을 활용하는 방법을 모색하는 추세에 있습니다. 우리나라의 경우 1948년 통계청이 통계국이라는 이름으로 업무를 시작하였습니다.

통계조사 방법

1. 통계조사 과정을 알아봅시다.

1) 다음은 통계조사 과정을 나타낸 도표입니다. 과정의 순서를 잘 살펴봅시다.

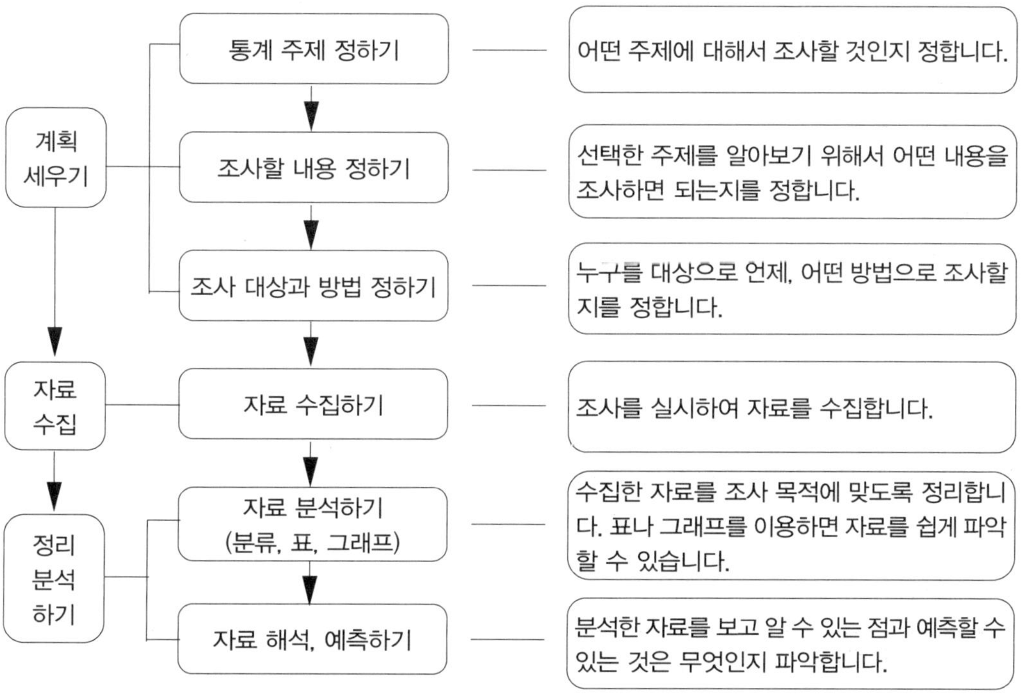

2) 여러분이 통계조사 과정에 따라 조사를 하여 자료를 해석하고 예측까지 할 때, 가장 쉬운 과정과 어려운 과정은 무엇입니까? 왜 그렇게 생각하나요?

통계조사 방법 탐구

1. 조사하고 싶은 주제를 정하여 봅시다.

1) 다음 중 조사해 보고 싶은 주제를 골라봅시다.

• 좋아하는 과일
• 좋아하는 과목
• 좋아하는 운동
• 한 달 용돈
• 가족의 수
• 좋아하는 간식
• 받고 싶은 선물
• 평균 독서량
• 혈액형
• 기타 (   )

2) 주제를 선택한 이유는 무엇입니까?

2. 선택한 주제에 대해 조사할 내용을 정하여 봅시다.

1) 선택한 주제에 대해 어떤 내용을 조사할지 다음에 제시된 예를 살펴보고 생각하여 봅시다.

주제(예시)	조사할 내용(예시)
좋아하는 과일	• 우리 반 어린이들이 가장 좋아하는 과일 • 우리 반 어린이들이 가장 많이 먹는 과일
좋아하는 과목	• 우리 반 어린이들이 가장 좋아하는 과목 • 남학생들이 가장 좋아하는 과목 • 여학생들이 가장 좋아하는 과목
좋아하는 운동	• 어린이들이 가장 좋아하는 운동 • 어린이들이 가장 좋아하는 운동선수
한 달 용돈	• 우리 반 학생들의 한 달 평균 용돈 • 초등학교 어린이들의 용돈 쓰임새
가족의 수	• 우리 반 어린이들의 가족 수 • 우리 반에서 부모님이 맞벌이하는 학생의 수
좋아하는 간식	• 우리 반 학생들의 가장 좋아하는 간식 • 여학생들이 가장 좋아하는 간식 • 남학생들이 가장 좋아하는 간식

주제(예시)	조사할 내용(예시)
받고 싶은 선물	• 우리 반 어린이들이 생일 때 가장 받고 싶은 선물 • 우리학교 학생들이 부모님 생신 때 드리고 싶은 선물 • 어린이날에 가장 받고 싶은 선물
평균 독서량	• 우리 반 학생들의 한 달 평균 독서량 • 우리 학교 학생들이 한 달 평균 독서량 • 우리 가족의 한 달 평균 독서량 • 우리나라 국민의 한 달 평균 독서량
혈액형	• 우리 반 어린이들의 혈액형
기타 (　　　　)	• • •

2) 선택한 주제와 알고 싶은 내용을 다음 빈칸에 적어 봅시다.

선택한 주제	조사할 내용

3. 조사 대상을 정하여 봅시다.

1) 조사 대상을 정하는 방법에는 전수 조사와 표본 조사가 있습니다. 다음 표에 제시된 방법과 장점, 단점을 잘 살펴보고, 예를 찾아 적어봅시다.

	전수 조사	표본 조사
방법	• 조사하려는 주제에 대하여 조사 대상을 모두 조사하는 방법	• 조사 대상 전체를 조사하지 않고 일부분을 조사하는 방법
장점	• 조사하고자 하는 통계를 정확하게 조사할 수 있습니다.	• 간편하게 조사를 할 수 있어서 시간과 비용을 절약할 수 있습니다.
단점	• 조사하는데 시간과 비용이 많이 듭니다. • 조사한 자료를 분석하는 데도 많은 시간이 걸립니다.	• 조사 대상 중 소수의 인원을 대상으로 조사를 하기 때문에 조사 대상을 선택하는 데 어려움이 있습니다.
예를 찾아 적어 보기		

2) 다음에 제시된 예를 살펴보고 여러분이 선택한 주제와 조사할 내용, 조사 대상을 빈칸에 넣어 봅시다.

주제(예시)	조사할 내용(예시)	조사 대상(예시)
좋아하는 과목	• 우리 반 어린이들이 가장 좋아하는 과목 • 우리 반 남학생들이 가장 좋아하는 과목 • 여학생들이 가장 좋아하는 과목	– 우리 반(전수) – 우리 반 남학생(전수) – 우리 반 여학생(표본)
좋아하는 운동	• 우리 반 어린이들이 가장 좋아하는 운동 • 어린이들이 가장 좋아하는 운동선수	– 우리 반(전수) – 우리 반(표본)
혈액형	• 우리 반 어린이들의 혈액형	– 우리 반(전수)
(내가 선택한 주제)	(내가 조사할 내용) • • •	(조사 대상)

3) 전수 조사와 표본 조사 중 어느 방법을 사용하려고 합니까?

4) 선택한 조사 방법을 사용하는 이유는 무엇일까요?

☞ 조사 대상을 모두 조사하는 것이 조사 목적에 비추어 보았을 때 의미가 있고 또 조사 대상을 모두 조사하는 것이 가능할 때 전수 조사 방법을 사용합니다. 반면에 조사 대상을 모두 조사하는 것이 조사 목적에 비추어 보았을 때 큰 의미가 없거나 조사 대상을 모두 조사하는 것이 불가능할 때 표본 조사 방법을 사용합니다.

4. 조사 방법을 정하여 봅시다.

1) 조사 대상을 조사를 할 때 다음과 같은 조사 방법을 사용합니다. 조사 방법을 살펴보고 차이점에 대하여 이야기하여 봅시다.

	방법
질문지법	조사하고자 하는 내용을 종이에 써서 여러 사람에게 나누어주는 방법으로, 비교적 상세한 자료를 많이 얻을 수 있습니다
면접법	사람들에게 직접 물어보는 방법으로, 생동감 있는 자료를 얻을 수 있지만 시간과 노력이 많이 듭니다.
관찰법	눈으로 직접 관찰하는 조사하는 방법으로, 정확하지만 시간과 노력이 많이 듭니다.

2) 내가 정한 주제의 조사 방법을 질문지법, 면접법, 관찰법 중 어느 방법을 사용하면 좋을까요?

3) 조사할 내용을 다음과 같이 질문지로 만들었습니다. 예시의 내용을 살펴보고 질문지를 어떻게 만들면 좋을지 생각해 봅시다.

(예시 1)

조사 주제 : 좋아하는 과목

조사 내용과 조사 대상

1. 우리 반 어린이들이 가장 좋아하는 과목 – 우리 반(전수 조사)
2. 우리 반 남학생들이 가장 좋아하는 과목 – 우리 반 남학생(전수 조사)
3. 여학생들이 가장 좋아하는 과목 – 우리 반 여학생(표본 조사)

질문지

조사 내용 1, 2, 3 : 가장 좋아하는 과목은 무엇인가요?

(예시 2)

조사 주제 : 가장 받고 싶은 선물

조사 내용과 조사 대상

1. 우리 반 어린이들이 생일 때 가장 받고 싶은 선물 – 우리 반(전수 조사)
2. 우리 학교 학생들이 부모님 생신 때 드리고 싶은 선물 – 우리 반(표본 조사)
3. 우리 반 어린이들이 어린이날에 가장 받고 싶은 선물 – 우리 반(전수 조사)

질문지

1. 생일에 가장 받고 싶은 선물은 무엇인가요?
2. 부모님 생신 때 가장 드리고 싶은 선물은 무엇인가요?
3. 어린이날에 가장 받고 싶은 선물은 무엇인가요?

4) 여러분이 선택한 조사 내용을 조사하기 위한 질문지를 만들어 봅시다.

5. 자료를 수집해 봅시다.

1) 조사할 내용을 여러분이 선택한 조사 방법으로 조사하여 봅시다.

2) 조사하는 과정에서 재미있었던 점, 어려웠던 점, 느낀 점을 알아봅시다.

6. 수집한 자료를 정리 분석해 봅시다.

1) 분류 방법을 정하여 수집한 자료를 정리하여 봅시다.

예시) 우리 반 어린이들이 생일에 가장 받고 싶은 선물

게임CD	컴퓨터	인형	자전거	핸드폰	옷
//////	//	//	/////	////	/

2) 정리한 내용을 표로 나타내어 봅시다.

예시) 우리 반 어린이들이 생일에 가장 받고 싶은 선물

선물	게임CD	자전거	핸드폰	컴퓨터	인형	옷	합계
학생수	6	5	4	2	2	1	20

3) 작성한 표를 보고 막대그래프로 나타내어 봅시다.

예시)

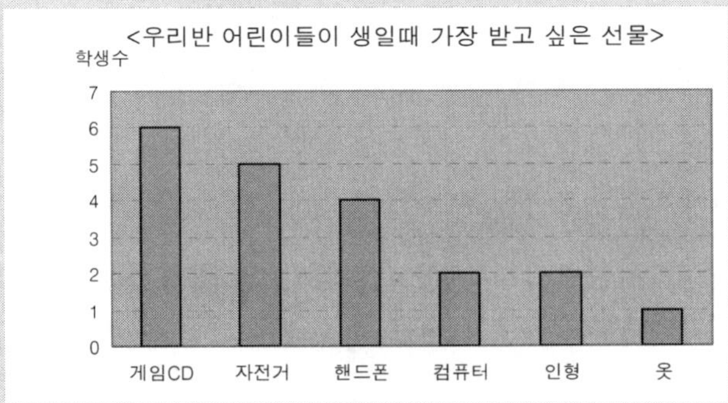

Challenge

※ 통계조사 과정에서 조사한 내용을 다음과 같은 순서로 정리하여 봅시다.

1) 조사 주제

2) 조사 내용

3) 조사 대상과 방법

4) 통계조사

5) 자료 분석

6) 자료 해석, 예측

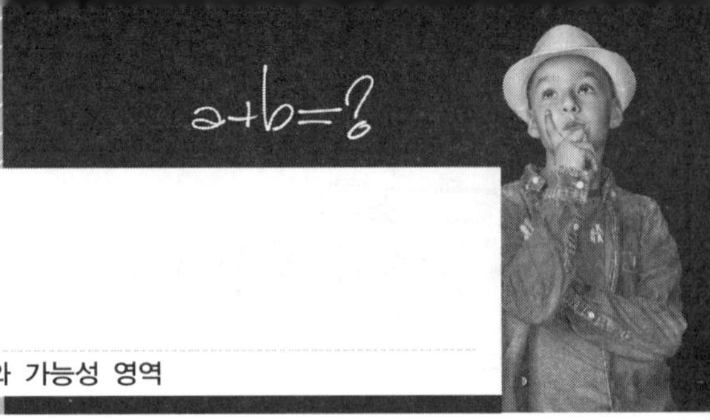

11 파스칼 삼각형

■ 수학영재 핵심 용어 해설 3 : 논리 · 자료와 가능성 영역

파스칼 삼각형이란?

자연수를 삼각형 모양으로 배열한 것입니다. 중국인이 처음 만들었으나 프랑스의 수학자 파스칼(Pascal, 1623~1662)이 체계적인 이론을 만들고 그 속에서 흥미로운 성질을 발견했기 때문에 파스칼의 삼각형이라고 부릅니다.

파스칼 삼각형은 왜 필요한가?

파스칼 삼각형은 두 수를 더한 후 그것을 특정한 위치에 배열하는 것을 단순히 반복하여 만드는 것이지만, 이 삼각형에서 나타나는 패턴의 개발과 탐구는 경우의 수 세기, 조합, 이항계수, 대수, 기하학적인 모양, 수로 수론 사이의 관계 등을 설명하는 데 유용한 원리가 됩니다.

파스칼 삼각형의 역사

다음과 같이 유명한 중국의 수학자인 가헌(1010~1070), 양휘(1238~1298), 주세걸(1249~1314) 등의 저서에 파스칼 삼각형이 인용되었습니다.

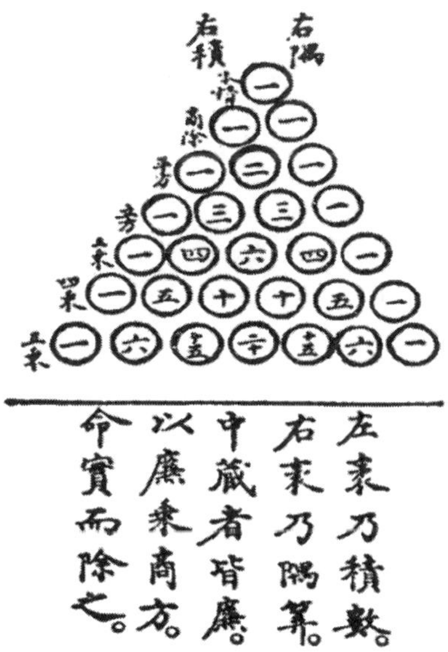

<개방작법본원>

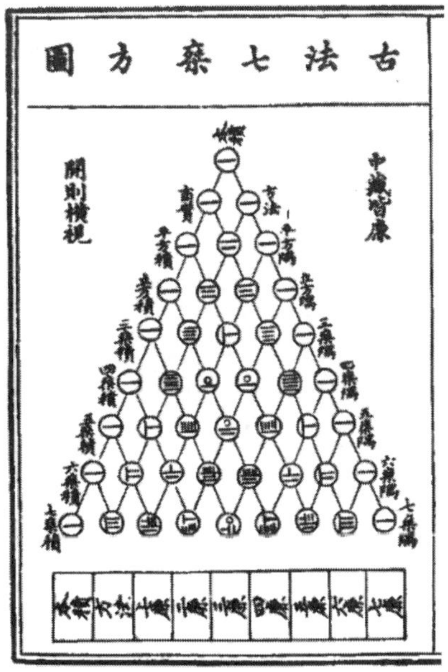

<개방작법본원>

아라비아에서는 15세기 페르시아 태생의 수학자 카이얌(Khayyam, 1048~1131)이 그의 저서에서 파스칼 삼각형을 처음 소개하였습니다. 그러나 이 내용을 담고 있는 현존하는 아라비아 책은 15세기의 알 카시(?~1436)가 쓴 《산술의 열쇠》입니다. 파스칼 삼각형 형태로 이항정리를 9차 거듭제곱에 이르는 도표를 기록하고 있습니다.

서양에서는 독일의 수학작이자 천문학자인 아피안(Apian)이 1527년 펴낸 상업 산술책 《계산》의 표지에 산술 삼각형이 처음으로 인쇄되었습니다. 파스칼(Pascal)이 태어나기 100년 전 쯤의 일입니다. 16세기 발간된 독일의 대수학 저서 가운데 가장 값진 책이라고 하는 슈티펠(Stiefel)의 《산술백과》에 파스칼의 삼각형이 실려 있습니다.

파스칼은 《수삼각형론》을 1653년에 썼는데 1665년에 발행된 책에 수 삼각형을 만들었습니다. 1708년 몽모르트(Montmort)의 저서에서 파스칼의 삼각형이라는 용어가 처음 등장합니다.

이러한 수배열이 확률의 연구를 산술 삼각형에 연결하여 발진시긴 짐과 파스칼의 삼각형이 가지고 있는 많은 성질을 새롭게 발견 및 응용한 파스칼의 업적 때문에 파스칼의 삼각형이라고 불립니다.

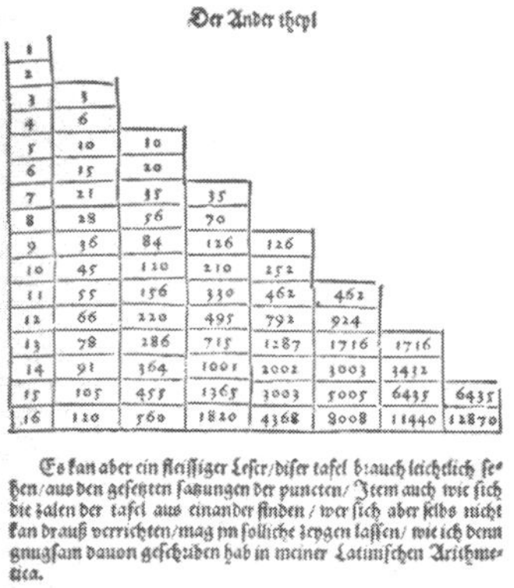

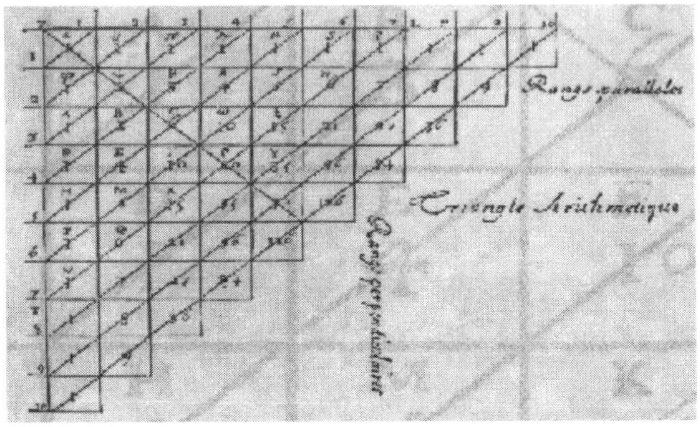

<슈티펠의 책에 인용된 삼각형>　　　　<파스칼의 삼각형>

파스칼 삼각형의 탐구

1 파스칼 삼각형과 이항계수

1665년 출판된 파스칼의 저서 《수삼각형론》에 나오는 삼각형의 일정한 규칙을 파스칼 삼각형의 구성 원리라고 합니다.

같은 수직 계수의 칸　　　　같은 밑변의 칸

1	1	1	1	1	1	1	1	1	1
1	2	3	4	5	6	7	8	9	
1	3	6	10	15	21	28	36		
1	4	10	20	35	56	84			
1	5	15	35	70	126				
1	6	21	56	126					
1	7	28	84						
1	8	36							
1	9								
1									

같은 수평 계수의 칸

<파스칼 삼각형의 원형>

다항식의 곱셈에서 곱셈 공식을 $(a+b)^2=a^2+2ab+b^2$와 $(a+b)^3=a^3+3a^2b+3ab^2+b^3$을 각각 학습하는 데 그 유도 과정은 다음과 같습니다.

$$(a+b)^2=(a+b)(a+b)=a^2+ab+ab+b^2=a^2+2ab+b^2$$

$$\begin{aligned}(a+b)^3=(a+b)(a+b)^2&=(a+b)(a^2+2ab+b^2)\\&=a(a^2+2ab+b^2)+b(a^2+2ab+b^2)\\&=a^3+3a^2b+3ab^2+b^3\end{aligned}$$

$(a+b)^4$, $(a+b)^n$의 전개식도 스스로 만들 수 있는데 이때 파스칼의 삼각형의 원리를 이용하여 거듭제곱의 이항전개식을 만들어 내고 사용할 수 있습니다.

$$(1+a)^0=1$$
$$(1+a)^1=1+a$$
$$(1+a)^2=1+2a+a^2$$
$$(1+a)^3=1+3a+3a^2+a^3$$
$$(1+a)^4=1+4a+6a^2+4^3+a^4$$

1
1 1
1 2 1
1 3 3 1
1 4 6 4 1

2 파스칼 삼각형과 여러 가지 수

가. 파스칼 삼각형과 피타고라스 도형수

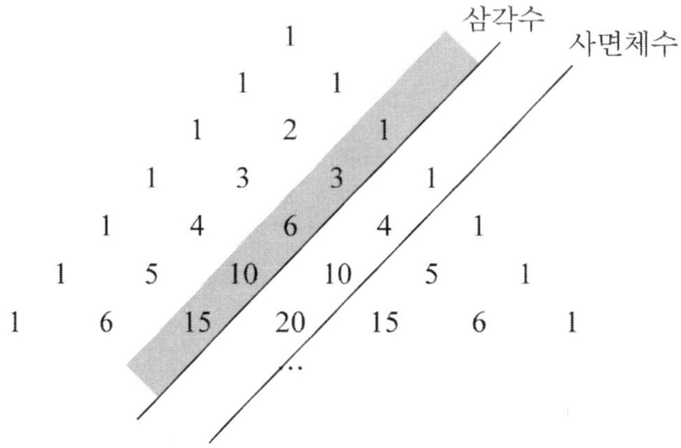

첫 번째 대각선은 모두 1이므로 공간의 차원으로 말하면 0차원의 수들입니다.

두 번째 대각선은 자연수의 열이 나오는데 첫째 항이 1이고 항들의 차이가 1인 등차수열이고 1차원의 수들입니다.

세 번째 대각선을 살펴보면 삼각형을 만들 수 있는 점의 수로 되어 있습니다. 즉, 삼각수로 이루어져 있으며, 수열은 그것의 계차가 등차수열이 되는 2차원의 수입니다.

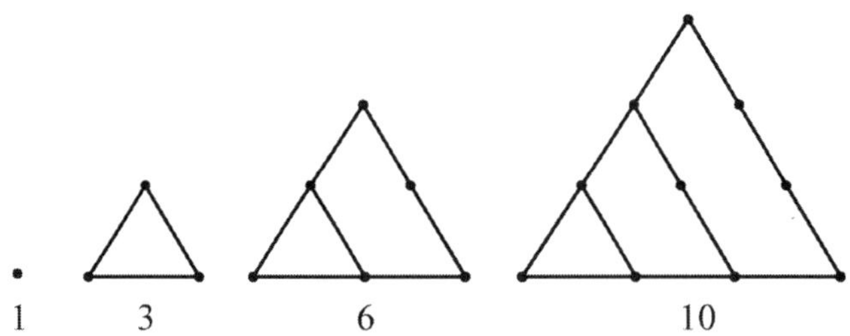

삼각수

그리고 $0+1=1$, $1+3=4$, $3+6=9$, $6+10=16$, $10+15=25$,…로 두 수의 합이 완전제곱수가 됩니다.

네 번째 대각선은 나온 숫자의 개수만큼의 점 1, 4, 10, 20, …으로 정사면체 모양으로 배열할 수 있기 때문에 사면체수라고 하는 3차원의 수들입니다.

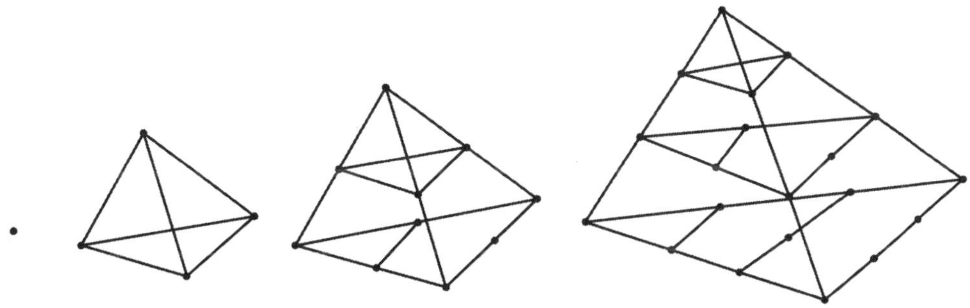

<사면체수>

나. 파스칼 삼각형과 피보나치 수열

피보나치(Fibonacci)는 아리비아 숫자를 유럽에 전파한 것으로 알려져 있으며, 그의 책 《산반서(算盤書, Liber Abaci)》에서 다음 문제를 제기하였습니다.

> 1월 1일에 토끼 한 쌍만이 존재합니다. 그 토끼는 2월 1일에 두 번째의 새로운 토끼 한 쌍을 낳습니다. 토끼의 번식이 다음과 같은 패턴이 있다고 가정합시다.
> - 모든 새로운 토끼 한 쌍은 한 달이 지나면 성숙한 토끼가 됩니다.
> - 새로 태어난 토끼 한 쌍은 성숙한 토끼가 되고 나서 그 다음 달 1일에 새로운 토끼 한 쌍을 낳습니다.
> - 번식이 가능한 토끼 한 쌍은 매달 새끼 한 쌍을 낳습니다.
> - 그 해 1월 1일부터 그 다음 해 1월 1일까지 토끼는 죽지 않습니다.

첫 달에는 새로 태어난 토끼 한 쌍이 있고, 두 번째 달에는 그대로 토끼 한 쌍, 세 번째 달부터는 이 토끼 한 쌍이 새끼를 낳게 되어 토끼가 2쌍이 되고, 네 번째 달에는 3쌍, 다섯 번째 달에는 5쌍이 됩니다.

1월	A							
2월	A					B		
3월	A			B		A		
4월	A		B	A		A		B
5월	A	B	A	A	B	A	B	A

월	1	2	3	4	5	6	7	8	9	⋯
성숙한 토끼 쌍의 수	1	1	2	3	5	8	13	21	34	⋯
새로운 토끼 쌍의 수	0	1	1	2	3	5	8	13	21	⋯
계	1	2	3	5	8	13	21	34	55	⋯

성숙한 토끼 쌍의 수들을 나열하면 1, 1, 2, 3, 5, 8, 13, 21, 34, ⋯ 이고, 이 수열을 피보나치 수열이라고 합니다.

피보나치 수열은 첫 번째 두 개의 항이 모두 1인 수열입니다. 또한 다음에 이어지는 항들은 이전의 두 개의 항의 합으로 만들어집니다.

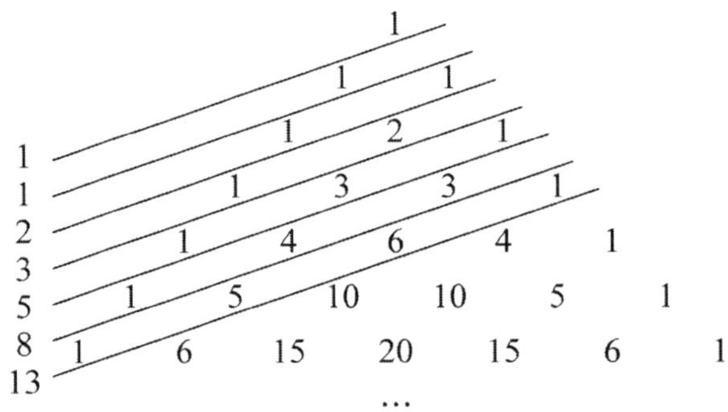

3 파스칼 삼각형과 확률

동전 3개를 던지는 실험을 했을 때, 가능한 결과는 다음과 같습니다.

가능한 결과	결과가 나오는 방법	경우의 수	확률
앞면 3개, 뒷면 0개	앞앞앞	1	$\frac{1}{8}$
앞면 2개, 뒷면 1개	앞앞뒤, 앞뒤앞, 뒤앞앞	3	$\frac{3}{8}$
앞면 1개, 뒷면 2개	앞뒤뒤, 뒤앞뒤, 뒤뒤앞	3	$\frac{3}{8}$
앞면 0개, 뒷면 3개	뒤뒤뒤	1	$\frac{1}{8}$
합계		8	1

동전을 세 번 던지는 실험에서 나오는 경우의 수 1, 3, 3, 1은 파스칼 삼각형의 제3행에 있는 수와 일치합니다.

동전 4개를 던지는 실험을 했을 때, 가능한 결과는 다음과 같습니다.

가능한 결과	결과가 나오는 방법	경우의 수	확률
앞면 4개, 뒷면 0개	앞앞앞앞	1	$\frac{1}{16}$
앞면 3개, 뒷면 1개	앞앞앞뒤, 앞앞뒤앞 앞뒤앞앞, 뒤앞앞앞	4	$\frac{1}{4}$
앞면 2개, 뒷면 2개	앞앞뒤뒤, 앞뒤앞뒤 앞뒤뒤앞, 뒤앞앞뒤 뒤앞뒤앞, 뒤뒤앞앞	6	$\frac{3}{8}$
앞면 1개, 뒷면 3개	앞뒤뒤뒤, 뒤앞뒤뒤 뒤뒤앞뒤, 뒤뒤뒤앞	4	$\frac{1}{4}$
앞면 0개, 뒷면 4개	뒤뒤뒤뒤	1	$\frac{1}{16}$
합계		16	1

동전을 네 번 던지는 실험에서 나오는 경우의 수 1, 4, 6, 4, 1은 파스칼 삼각형의 제4행에 있는 수와 일치합니다.

따라서, 동전을 1, 2, 3, …번 던졌을 때 나오는 경우의 수에 관한 표도 파스칼 삼각형과 관련이 있음을 알 수 있습니다.

4 최단 거리 구하기

그림과 같은 도로망을 가진 마을의 A에서 B까지 가장 빠른 길로 가는 방법을 생각해 봅시다.

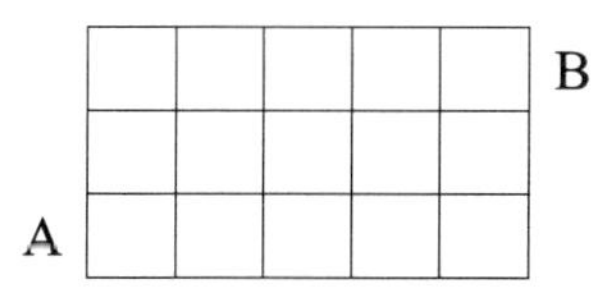

같은 것이 있는 순열의 수를 구하는 방법을 알고 있다면 가로 방향 5번, 세로 방향 3번이므로 $\frac{8!}{3!5!}=\frac{8\times7\times6\times5\times4\times3\times2\times1}{3\times2\times1\times5\times4\times3\times2\times1}=56$, 56가지 방법이 있음을 알 수 있을 것입니다.

이 문제를 파스칼의 삼각형을 만드는 기본 원리를 이용하면 간단한 방법으로 해결할 수 있습니다.

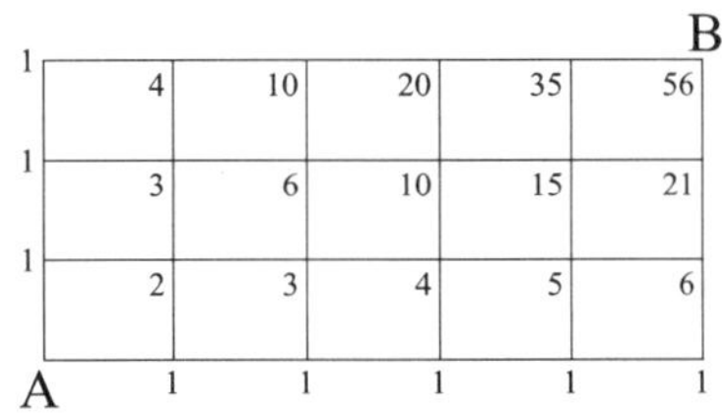

<도로망에서의 최단 거리>

5 파스칼 삼각형과 프랙털

파스칼 삼각형의 수의 크기와 관계없이 짝수인지 홀수인지에 따라 색을 칠해봅시다. 짝수 칸은 0으로 흰색을, 홀수 칸은 1로 검은색을 칠하면 됩니다. 시어핀스키와 같은 유형의 검은 점들의 배열이 나타나는데 새로운 행을 추가할수록 생성되는 도형에서 시어핀스키 규칙을 볼 수 있습니다. 또한 특정한 수의 배수를 찾아 색칠을 하면 재미있는 프랙털 도형의 모습을 볼 수 있습니다.

시어핀스키 삼각형

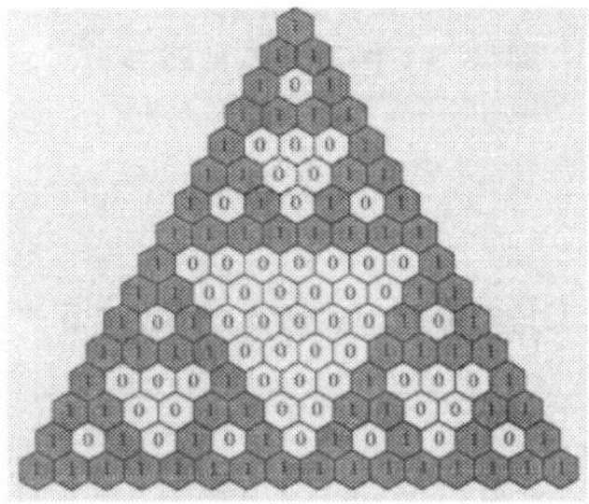

홀수, 짝수

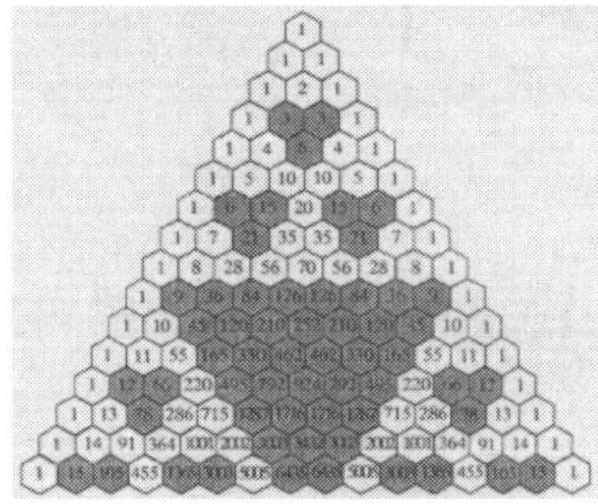

3의 배수

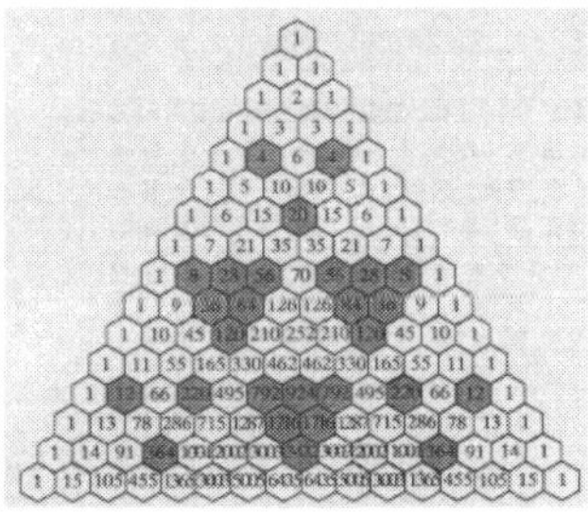

4의 배수

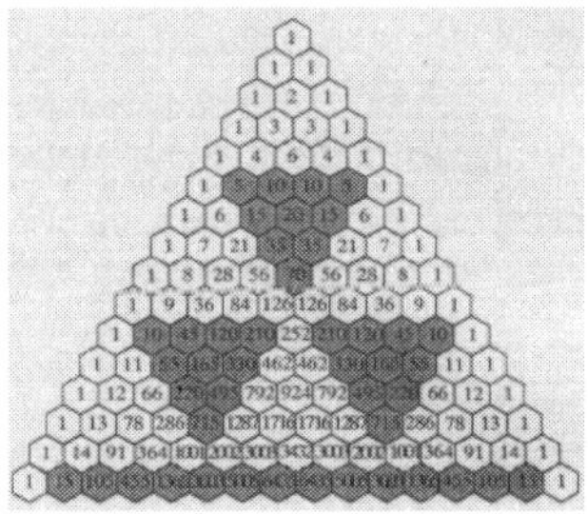

5의 배수

7의 배수

참고문헌

- 고정선(2004). 수업 시간에 활용할 수 있는 파스칼의 삼각형에 관한 연구. 성균관대학교 교육대학원 석사학위 논문.
- 석주식 외(2010). 초등수학 개념사전. 아울북.

Challenge

■ 수학영재 핵심 용어 해설 3 : 논리 · 자료와 가능성 영역

1) 그림과 같은 도로망을 가진 마을에서 A에서 B까지 가장 짧은 길을 따라 가는 방법을 구해봅시다.

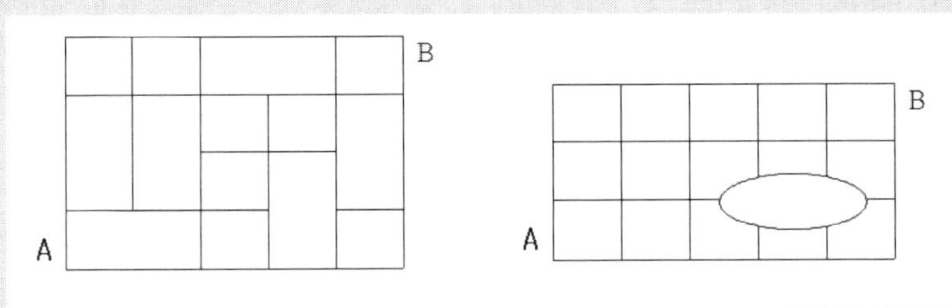

2) 한 번에 한 계단(걸음) 또는 두 계단(점프)을 올라갈 수 있는 계단이 있다고 가정합시다. 하나의 계단을 오르는 방법은 당연히 한 가지입니다. 두 개의 계단에 오르기 위해서는 두 가지의 방법(걸음－걸음, 또는 점프)이 있습니다. 세 개의 계단을 오르는 방법은 세 가지(걸음－걸음－걸음, 점프－걸음, 걸음－점프)가 있습니다. 이와 같은 방법으로 계단을 오를 때, 10개의 계단을 오르는 방법의 수를 구해봅시다.

3) 흰 바둑돌과 검은 바둑돌이 여러 개가 있습니다. 이 바둑돌을 일렬로 나열하되, 흰 바둑돌은 서로 이웃하지 않습니다. 예를 들어, 1개의 바둑돌을 나열하는 방법은 2가지(흰 바둑돌, 또는 검은 바둑돌)이고, 2개의 바둑돌을 나열하는 방법의 수는 3가지(흰－검, 검－흰, 검－검)입니다. 이때, 10개의 바둑돌을 위의 규칙대로 나열하는 방법의 수를 구해봅시다.

답안지

■ 수학영재 핵심 용어 해설 3 : 논리 · 자료와 가능성 영역

1)

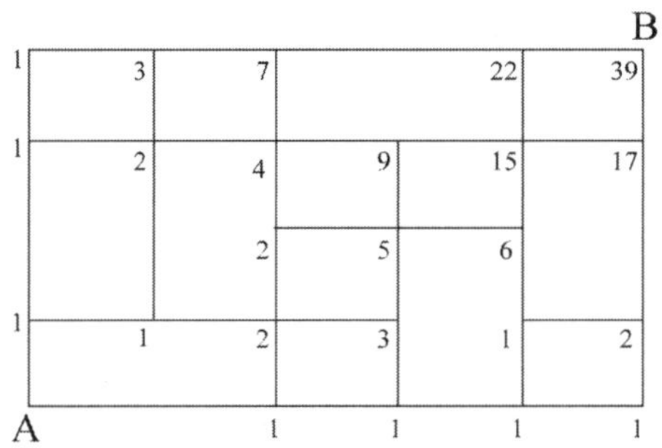

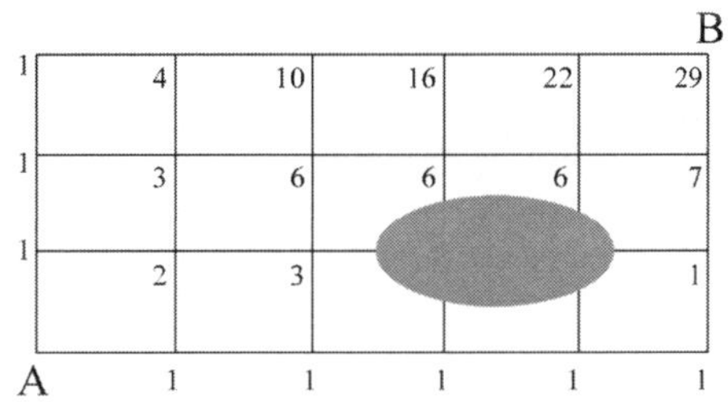

2) 89가지

4개의 계단을 오르려면 2개를 오른 후 점프를 하거나, 3개를 오른 후 걸음을 하면 됩니다. 그러므로 4개의 계단을 오르는 가짓수는 2개의 계단을 오르는 가짓수와 3개의 계단을 오르는 가짓수를 더하면 됩니다.

마찬가지로, n개의 계단을 오르기 위해서는 $n-1$개의 계단을 오르는 방법의 수와 $n-2$개의 계단을 오르는 방법의 수를 더해주면 됩니다.

그러므로, 방법의 수를 나열하면 1, 2, 3, 5, 8, 13, 21, 34, 55, 89, … 이므로 10개의 계단을 오르는 방법의 수는 89가지입니다.

3) 144가지

4개의 바둑돌을 나열하려면 처음에 검은 돌이 오는 경우는 나머지 3개는 아무거나 오면 되고, 처음에 흰 돌이 오는 경우는 뒤에 검은 돌이 꼭 와야 하므로 나머지 2개만 나열하면 됩니다. 그러므로 4개를 나열하려면 3개를 나열하는 가짓수와 2개를 나열하는 가짓수를 더하면 됩니다.

마찬가지로, n개의 바둑돌을 나열하는 방법의 수는 처음에 검은 돌이 올 경우는 $n-1$개의 바둑돌을 나열하는 방법의 수와 같고, 처음에 흰 돌이 올 경우는 다음에 꼭 검은 돌이 와야 하므로 $n-2$개의 바둑돌을 나열하는 방법이 수와 같습니다.

그러므로, 방법의 수를 나열하면 2, 3, 5, 8, 13, 21, 34, 55, 89, 144,… 이므로 답은 144가지입니다.

12 패러독스(paradox)

패러독스(모순)란?

패러독스란 사전적 의미로는 '참된 명제와 모순되는 결론을 낳는 추론(推論)'입니다. 우리말로는 역리라든가 역설 등으로 번역됩니다. 원래 패러독스는 그리스어에서 유래한 말로서 통설(독사, doxa)에 반하는(파라, para) 것을 의미하고 있습니다. 일본의 저명한 수학 사전인 《이와나미 수학 사전》에서 '역리'를 찾아보면 다음과 같이 적혀 있습니다.

"일반의 판단에 반하는 결과를 유도하는 논설이 있고 그 설에 반론할 정당한 근거를 찾아내기 어려울 때 그 설을 역리(또는 역설)라 합니다. 특히 어떤 명제와 그 부정명제가 함께 논리상 동등하다고 생각되는 논거를 갖고 주장되고 그에 이르는 추론 속에서 잘못을 명확히 지적할 수 없을 때 이것을 이율배반(antinomy)이라 합니다. 그러나 이율배반과 역리는 엄밀히 구별하여 사용되는 말은 아니고 동의어로서도 사용됩니다."

패러독스 탐구

1 수학에서의 모순의 예

1) 전체는 부분보다 작지 않습니다.

일대일 대응으로부터 전체가 그 일부분과 같다는 모순적인 결과가 유도됩니다. 그리스 시대부터 '전체는 부분보다 크다'라고 생각되어 왔으나 무한개의 집합의 경우에는 자연수와 짝수처럼 전체가 그 일부분과 일대일로 대응하는 것처럼 보이는 예도 있기 때문에 그리스 이래의 이 명제는 '전체는 부분보다 작지 않습니다.'라고 바꿔 적어야 할 것입니다. 오히려 전체가 그 일부분과 똑같아지는 것이 무한집합의 특징이기 때문에 이러한 것을 사용하여 무한의 정의로 할 수도 있습니다. '무한집합이란 그 일부분과 일대일로 대응이 되는 집합을 말하고 유한집합이란 어떻게 하여도 그 일부분과 일대일로 대응을 할 수 없는 집합을 말합니다.'

2) 대수에서의 가짜 증명

〈x에 대한 무리방정식〉

$x=1-\sqrt{2x-3}$이 있습니다. 이것을 변형하여 $\sqrt{2x-3}=1-x$ 양변을 제곱하면

$$2x-3=1-2x+x^2$$

$$x^2-4x+4=0$$

$$(x-2)^2=0$$

그러므로 $x=2$

이것을 원래의 방정식에 대입해 보면 $2=0$가 됩니다.

여기서 답으로 나온 2는 무리방정식의 풀이가 아니라는 의미입니다. 따라서 이 무리방정식에는 풀이가 없다고 말하면 됩니다. 이 방정식에 풀이가 있으면 그 풀이는 2라는 것을 얻을 수 있습니다. 그러나 2는 풀이가 아니라는 것을 알았습니다. 따라서 원래의 방정식에는 풀이가 없다는 결과를 낳게 되어서 모순이 일어납니다.

3) 존재 증명

2개의 2차방정식의 공통해를 구하는 문제가 두 문항 있습니다. 두 문항 모두 같은 방법으로 풀었는데도 한쪽은 옳은 답이 얻어지고 다른 쪽은 잘못된 답이 얻어졌습니다.

(1) $x^2-4x+3=0$ ……①

$x^2-5x+4=0$ ……②

의 공통해를 구해봅시다.

①－②로부터 $x-1=0$ 따라서 $x=1$이 공통해입니다.

$$(2)\ x^2-6x+5=0\ \cdots\cdots③$$
$$x^2-5x+6=0\ \cdots\cdots④$$

의 공통해를 구해봅시다.

③ − ④로부터 $-x-1=0$ 따라서 $x=-1$이 공통해입니다.

원래의 방정식에 대입해 보면 (1)은 1이 ①과 ②의 공통해로 되어 있습니다. 그런데도 (2)에서는 -1은 ③과 ④도 만족시키지 않습니다.

4) $n=n+1$의 증명

다음은 모든 자연수 n에 대해 $(n+1)^2=n^2+2n+1$라는 사실에서부터 이끌어낸 증명입니다.

$$(n+1)^2=n^2+2n+1$$
$$(n+1)^2-(2n+1)=n^2$$
$$(n+1)^2-(n+1)(2n+1)=n^2-n(2n+1)$$
$$(n+1)^2-(n+1)(2n+1)+\frac{(2n+1)^2}{4}=n^2-n(2n+1)+\frac{(2n+1)^2}{4}$$
$$\left\{(n+1)-\frac{(2n+1)}{2}\right\}^2=\left\{n-\frac{(2n+1)}{2}\right\}^2$$
$$(n+1)-\frac{(2n+1)}{2}=n-\frac{(2n+1)}{2}$$
$$\therefore n+1=n$$

어디가 틀렸을까요? 다섯 번째 줄에서 여섯 번째 줄로 넘어가면서 제곱근을 취하는 과정에서 오류가 생겼습니다. $a^2=b^2$과 동치는 $a=b$가 아니라 $a=\pm b$입니다. 즉, $(n+1)-\frac{2n+1}{2}=n+\frac{2n+1}{2}$만 원래 식과 동치인 것입니다.

2 무한과 관련된 패러독스

1) 선분의 한 끝에서 다른 끝으로 갈 수 없다.

선분은 자와 컴퍼스를 사용하면 중점을 구할 수 있습니다. 선분의 길이가 아무리 짧아도 가능합니다. 이 사실에서 선분이 무한개의 점을 포함하고 있음을 알 수 있습니다. 여기서 다음과 같은 문제가 일어납니다.

"만일 점이 아무리 작아도 크기를 갖는다면 이 선분의 한 끝에서 다른 끝으로 갈 수 있을까?"

A에서 B까지 가기 위해서는 그 중점 C를 통과해야 합니다. 또 A에서 C까지 가기 위해서는 그 중점 D를 통과해야 합니다. 중점이 무한히 많고 각 중점을 통과하는 데 얼마만큼이라도 시간이 걸린다면, 유한의 시간 내에 무한의 점을 통과할 수 없으므로 결국 A에서 B까지 가는 데는 무한의 시간이 소요될 것입니다. 따라서 운동체는 A에서 B까지 도달할 수는 없습니다. 즉, 운동은 일어나지 않습니다.

이러한 패러독스를 내세워 당시의 철학자·수학자들을 골탕 먹인 사람은 그리스의 철학자 제논입니다. 제논과 입장을 달리하는 피타고라스학파의 지지자들은 선분상에 아무리 많은 점이 있다 하여도 이들 점에 하나씩 대응하는 시각 역시 크기가 없기 때문에, 모든 점을 통과하는 데는 무한의 시간이 필요 없다는 주장을 했는데 이를 반박하기 위해서 제논이 내놓은 패러독스입니다.

2) 달리기의 명수 아킬레스도 거북이를 따라잡을 수 없다.

아킬레스는 그리스 신화에 나오는 달리기의 명수, 그리고 거북이는 아주 느린 동물로 알려져 있습니다. 이 패러독스는 '아킬레스와 거북이가 달리기 경주를 하는데 거북이가 아킬레스보다 얼마만큼 앞서서 출발한다면 아킬레스는 결코 거북이를 따라잡을 수 없다.'는 내용입니다.

아킬레스가 거북이를 따라잡기 위해서는 거북이가 있던 지점을 통과해야 하는데 그때는 거북이도 얼마만큼 앞으로 나아가 있습니다. 아킬레스는 거북이가 나아간 만큼 또 가야 하지만 그때는 거북이도 얼마만큼 앞서 나가고 있습니다. 따라서 아킬레스는 거북이를 따라잡을 듯하면서도 영원히 거북이를 아슬아슬하게 놓치고 만다는 이야기입니다.

즉, 가장 발이 빠르다고 알려진 아킬레스도 그보다 먼저 출발한 거북이는 결코 따라잡을 수 없습니다. 아킬레스가 거북이의 출발점에 도착했을 때는 이미 거북이는 앞으로 나아갔고 아킬레스가 다시 따라잡을 경우에도 거북이는 이미 그 지점을 지나쳐 버리기 때문입니다.

3) 쏜 화살은 실제로 날지 않는다.

시간이 '크기가 없는 무한의 시각의 모임'이라는 주장에 대해서 제논은 "쏜 화살은 실제로 날지 않는다."라는 패러독스를 내세워 반대합니다.

공중을 나는 화살을 생각해보면, 나는 시간 내의 각 시각에 있어서, 화살은 일정한 위치를 차지하고 있으므로 마땅히 그때마다 정지하고 있어야 합니다. 이러한 정지가 아무리 모여 있어도 운동은 될 수 없습니다. 그러므로 시간이 무한의 시각으로 되어 있다는 것은 잘못인 생각입니다.

4) 어떤 시간은 그 시간의 절반과 같다.(경기장의 패러독스)

제논은 "어떤 시간은 그 시간의 절반과 같다."라는 패러독스를 내놓았는데, 이에 대해서도 철학자들은 이렇다 할 반론으로 맞서지 못했습니다.

<어떤 시간은 그 시간의 절반과 같습니다.>

A ○ ○ ○ ○ ○ ○
B ○ ○ ○ ○ ○ ○ →
C ← ○ ○ ○ ○ ○ ○

A ○ ○ ○ ○ ○ ○
B ○ ○ ○ ○ ○ ○
C ○ ○ ○ ○ ○ ○

위의 그림에서 A는 정지상태, B와 C는 반대방향으로 같은 속도로 움직이고 있습니다. 어느 시간이 지난 후, A, B, C는 그 아래 그림과 같이 나란히 서게 됩니다. 이 위치에 오기 위해서는, B의 원소는 A의 3개의 원소를 스치고, 동시에 C의 6개의 원소를 스치게 됩니다. 스치는 시간은, 스치는 원소의 개수에 비례하기 때문에, B, A가 스치는 시간은 B, C가 스치는 시간의 반입니다. 그러나 이 두 가지 일은 동시에 일어난 것이기 때문에, 그 시간은 같습니다. 따라서 어떤 시간은 그 시간의 절반과 같습니다.

5) 모든 원둘레의 길이는 같다.

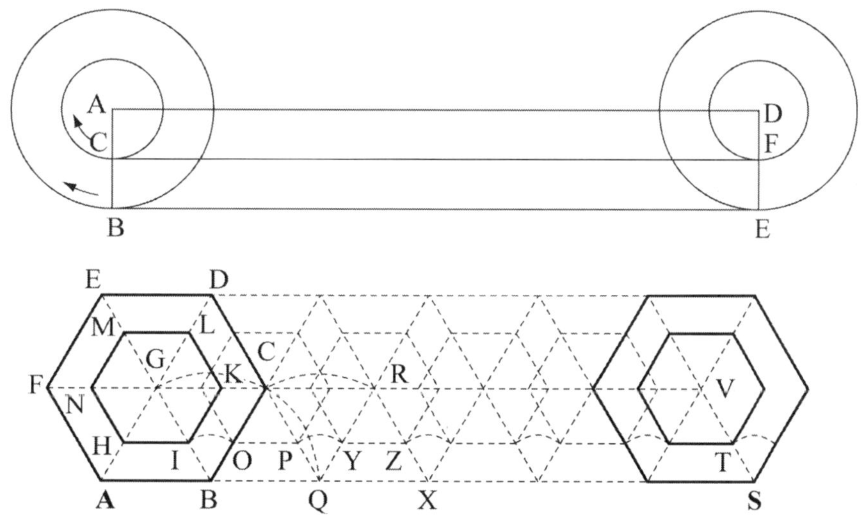

다음 그림과 같이 A를 중심으로 하는 동심원의 판자를 평면상에 수직으로 세워서 1회전 시켰을 때 A, C, B가 D, F, E의 위치에 왔다고 합시다. 이때, BE는 큰 원판의 둘레의 길이이고, CF는 작은 원판의 길이입니다.

그런데 그림을 보면 BE=CF이기 때문에 큰 원판의 둘레와 작은 원판의 둘레의 길이가 같다는 결론이 나옵니다. 어디가 잘못되었을까요?

큰 원판 위의 점은 항상 BE에 딱 붙어서 회전하고 있고, 작은 원판의 점도 큰 원판의 반경 위에 있으므로 이것 역시 CF와 밀착되어 있다고 보아야 하고, 그러면 만일 C가 움직인다면 B도 반드시 움직일 것입니다. 그러나 이 수수께끼는 그림의 아래쪽 부분의 정육각형을 회전시켜 보면 풀립니다.

큰 정육각형의 변은 언제나 직선 AS에 밀착하고 있으나 작은 정육각형의 변은 군데군데에서 점프하고 있습니다.

예를 들어, 큰 정육각형이 오른쪽으로 회전하여 그 위의 점 C가 Q와 겹쳤다고 하면, 작은 정육각형의 점 I는 O에, K는 P의 위치에 와서, IK는 OP와 겹쳐집니다. 그렇다면, IO 사이에서 작은 정육각형의 변은 직선 IT에 밀착하지 않고 점프한 셈이 됩니다. 작은 정육각형의 회전에서는 IO, PY, …와 같은 부분이 생기는 것입니다. 변의 개수를 아주 많이 늘려서 이번에는 정백만각형의 경우를 생각해 보면, 작은 쪽의 회전의 자취 HT는 백만 개의 변을 합친 길이와 백만보다 1 적은 '슬립'의 구간으로 이루어지고 있는 셈입니다.

변수를 무한히 많이 늘린 다각형(=원)에서는 작은 쪽이 지나간 선분 속에는 이 다각형의 무한개의 변과 무한개의 '슬립'이 들어 있다는 것을 알 수 있습니다. 이 내용은 갈릴레이의 《신과학 대화》에 실린 것입니다.

6) 호텔 패러독스

1백개의 방을 가진 호텔이 있습니다. 한창 휴가철이라 빈방이 하나도 없고 다 차 있습니다. 새 손님이 도착해 방을 요구합니다. 지배인이 "죄송합니다. 빈방이 없네요."라고 답했습니다. 그래서 옆호텔로 갔는데 무한개의 방을 갖고 있는 호텔이었습니다. 이 호텔도 모든 방이 다 차 있습니다. 여기에 도착해 방을 요구합니다. 지배인은 "물론 드리죠. 잠시만 기다려주십시오"라고 말하고는 1호실 손님을 2호실로, 2호실 손님은 3호실로, 3호실 손님은 4호실로… 옮기는 작업을 하고는 1호실을 내주었습니다. 이번에는 무한개의 방을 갖고 있는 호텔에 무한명의 손님이 찾아왔다고 가정해봅시다. 손님들 모두에게 방을 내줄 수 있을까요? 물론 모두 이 호텔에 머물 수 있습니다. 1호실 손님은 2호실로, 2호실 손님은 4호실로, 3호실 손님은 6호실로… 옮겼습니다. 그러고 나자 홀수 호실이 모두 비게 됐고 새로 찾아온 손님들 모두에게 1호실, 3호실, 5호실,… 순으로 방을 줄 수 있었습니다.

3 거짓말쟁이 패러독스

가장 오래되고 유명한 패러독스 중 하나인 거짓말쟁이 패러독스는 기원전 6세기부터 많은 철학자들의 관심을 불러일으켰는데 그 내용은 다음과 같습니다.

"내가 지금하고 있는 말은 거짓입니다."라고 한 사람이 말했습니다. 과연 그의 말은 참일까요, 거짓일까요? 만약 그의 말이 참이라면 그가 하고 있는 말이 거짓이라는 데 모순되고, 그가 한 말이 거짓이라 면 그의 말은 참이 돼 모순이 생깁니다. 아무리 생각해봐도 그의 말은 참도 거짓도 될 수 없습니다.

이 패러독스는 오랫동안 철학자들의 입에 오르내리면서도 얼토당토 않은 이야기로 치부돼 일반에 거의 알려지지 않은 채 사장됐던 난제입니다. 물리학자 뢴트겐(Roentgen)이 햇빛을 차단해 보관했던 사진건판 때문에 우연하게 X선을 발견한 것처럼 발상의 전환을 통해 해결의 실마리가 마련된 유명한 패러독스입니다. 뢴트겐의 관측은 거짓말쟁이 패러독스와 직접적으로 관련을 갖지는 않지만 논리학상 알려지지 않은 'X인자'의 존재성을 시사해 준 것입니다. 다시 '거짓말쟁이 패러독스'로 돌아가서 그 변형들을 살펴봅시다.

1) 유니콘의 존재성에 대한 증명

'지금 유니콘이 존재합니다.'는 사실을 증명해 보겠습니다. '현존하는 유니콘은 존재합니다.'는 문장을 증명하면 될 것입니다. 그럼 '유니콘은 존재합니다.'가 성립하기 때문입니다. 지금부터 모든 수단을 동원해서 현존하는 유니콘은 존재한다는 것을 증명해보겠습니다.

A : 현존하는 유니콘은 존재합니다.

B : 현존하는 유니콘은 존재하지 않습니다.

이들 말고는 다른 가능성이 있을 수 있을까요? 여기서 B는 명백하게 자기 모순에 빠져 있습니다. 현존하는 유니콘은 존재하지 않을 수 없습니다. 결국 A는 참이고 유니콘은 존재합니다.

2) 원-카드 패러독스

1913년 영국의 수학자에 의해 고안됐던 패러독스입니다. 눈앞에 한 장의 카드가 놓여 있습니다. 이 카드의 앞변에는 '이 카드의 뒷변에 쓰인 문장은 사실입니다.'라고 적혀 있어서 카드를 뒤집어봤더니 이번에는 '이 카드의 뒷면에 쓰인 문장은 거짓입니다.'라는 말이 적혀 있습니다. 앞면에 쓰인 말대로라면 '이 카드의 뒷면에 쓰인 문장은 거짓입니다.'

가 사실이 되고, '이 카드의 뒷면에 쓰인 문장은 사실입니다.'가 거짓이 됩니다. 앞면에 쓰인 말대로 따라가면 그 말이 결국은 거짓이 되는 셈이군요. 반대로 카드의 앞면에 쓰인 말이 거짓이라면 '이 카드의 뒷면에 쓰인 문장은 거짓입니다.'가 거짓이므로 카드의 앞면에 쓰인 말은 참이 됩니다. 즉, 참이면 거짓이고 거짓이면 참이 됩니다.

3) 크레타인 패러독스

어떤 크레타인이 "모든 크레타인은 거짓말쟁입니다"라고 말함으로써 발생한 패러독스입니다. 만약 이 말이 사실이라면 크레타인인 그는 거짓말을 하는 것이 되고, 거짓이라면 그는 진실을 말하고 있는 것이 되겠죠.

4) 사냥의 패러독스

왕자의 사냥구역에서 밀렵을 하면 사형되는 나라가 있었습니다. 어느날 왕자는 "누구든 밀렵을 하는 자는 사형되겠지만, 교수형이나 참수형 중 하나를 선택할 권리를 주겠다. 죄인에게는 죽기 전에 한 번의 발언권을 주겠는데 그때 한 말이 거짓이면 교수형에 처하고 만약 사실이라면 참수하겠다."는 새로운 법을 공포했습니다. 이에 익살스런 논리학자가 이 모호한 선택권을 시험해보려고 밀렵을 하다 잡혔습니다. 발언권이 주어지자 그는 "나는 교수형에 처해질 것이오."라고 말했습니다. 그리고 사형 집행인이 도착하자 "만일 당신이 지금 교수형을 행하면 왕자의 법을 어기는 것이오. 내 말이 사실이면 법률상 참수돼야 하니까. 또 참수형을 행한다면 내 말이 거짓이 돼 교수형에 처해져야 마땅하지요. 그럼 그것 또한 법을 어기는 것이 되지 않겠소?"라며 사형을 모면했다고 합니다.

논리학자의 주장에 논리학상 어떤 X인자가 숨어 있는 것일까요? 논리학자들이 내린 결론은 언어의 사용에 그 키가 숨겨져 있다는 것입니다. 문장의 전후관계에 지배받는 '논리'들이 서로 독립된 것이라고 느껴지는 일종의 '착시'를 겪는 것이지요. 이런 언어사용에서 오는 오류를 문맥에 맞게 바라보는 '눈'이 논리학에서의 'X인자'인 셈입니다.

5) 10개 문장의 패러독스

다음 열 개의 문장이 주어져 있습니다. 과연 이들 중 참은 몇 개일까요?

1. 이 문장들 중 하나만이 거짓이고 나머지는 참입니다.
2. 이 문장들 중 두 문장이 거짓이고 나머지는 참입니다.
3. 이 문장들 중 세 문장이 거짓이고 나머지는 참입니다.
4. 이 문장들 중 네 문장이 거짓이고 나머지는 참입니다.
5. 이 문장들 중 다섯 문장이 거짓이고 나머지는 참입니다.
6. 이 문장들 중 여섯 문장이 거짓이고 나머지는 참입니다.
7. 이 문장들 중 일곱 문장이 거짓이고 나머지는 참입니다.
8. 이 문장들 중 여덟 문장이 거짓이고 나머지는 참입니다.
9. 이 문장들 중 아홉 문장이 거짓이고 나머지는 참입니다.
10. 이 문상들 모두 거짓입니다.

힌트로 1번이 참이라고 가정해봅시다. 그러면 2번부터 10번까지 중에서 참인 문장이 8개가 됩니다. 2번과 3번이 동시에 참인 경우는 결코 있을 수 없습니다. 왜냐하면 두 문장이 거짓인 것도 참이고 세 문장이 거짓인 것도 함께 참이 될 수 없기 때문입니다. 그럼 2번이 참이라고 가정해봅시다. 마찬가지로 나머지 아홉 문장 중 여덟 문장이 참입니다. 이 문제에서는 결코 두 개 이상의 문장이 동시에 참이 될 수는 없습니다. 그래서 또 앞뒤가 맞지 않게 되는데, 그렇다면 모든 문장들이 거짓일까요? 이번에는 10번이 참이 돼 모순이 생깁니다. 따라서 적어도 한 문장은 참이고 10번은 거짓일 수밖에 없습니다. 과연 참인 문장은 몇 개일까요?

위의 힌트에는 섣부른 일반화에 대한 함정이 있습니다. 1번, 2번, …, 8번까지는 각 경우가 참일 때 참인 문장이 적어도 두 개 이상이 돼 모순이 생깁니다. 힌트에서처럼 1번부터 8번까지는 모두 거짓일 수밖에 없습니다. 9번의 경우는 달라서 9번이 참이면 나머지가 모두 거짓이 되고 논리는 성립됩니다. 10번이 참이라면 모든 문장이 거짓이 되어야 하므로 모순입니다. 결과적으로 참인 문장은 9번 하나입니다. 만약 천 개의 문장이 이 문제처럼 구성돼 있다면 999번째 문장만 참이고 나머지 문장은 모두 거짓입니다.

▶ 쌍둥이 패러독스

어느 마을에 형제가 있는데 이 둘은 일란성 쌍둥이입니다. 이 중 한 명은 진실은 거짓으로 거짓은 진실로 파악하며 항상 거짓말만을 한다고 합니다. 다른 한 명은 올바른 판단만 하며 항상 진실만을 말한다고 합니다. 흥미로운 점은 이 쌍둥이 형제 모두 같은 물음에 똑같은 답을 한다는 것입니다. 예를 들어 "2+2=4는 참일까요?"라는 질문을 던졌을 때, 진실만을 말하는 쪽은 당연히 "예"라고 답합니다. 거짓말만 하는 쪽도 2+2=4를 거짓으로 인식하고 이에 반하는 "예"라는 답을 내립니다. 여러분이 길을 가다 이 쌍둥이 형제 중 한 사람을 만났습니다. 몇 번을 묻든지 간에 예스-노 문답을 통해 그가 진실만을 말하는 쪽인지 거짓만을 말하는 쪽인지 구별해낼 수 있을까요?

이 문제에 대해 두 명의 논리학자 A, B가 논쟁을 벌였습니다. 논리학자 A는 "쌍둥이는 어떤 문제든 같은 답을 하기 때문에 수없이 물어봐도 둘을 구별해낼 수 없습니다."라고 주장했습니다. 논리학자 B는 "아닙니다. 단 한 번의 질문만으로 이 둘을 구별해낼 수 있습니다"라고 자신했습니다. 누구의 말이 옳은 것일까요?

답은 B입니다. "당신은 진실만을 말하나요?"라는 질문 하나면 충분합니다. 진실만을 말하는 쪽은 당연히 "예"라고 답할 것이고 거짓만을 말하는 쪽은 모든 것을 반대로 인식하기 때문에 자신은 진실을 말한다고 믿고 정반대로 "아니요"라는 답을 할 것입니다.

이번에는 쌍둥이 형제 둘 다 참, 거짓을 올바르게 판별하고 한쪽은 진실만을, 한쪽은 거짓만을 말한다고 할 때, 똑같은 물음에 대해 어떻게 답할 수 있을까요? 이들 쌍둥이는 위의 경우와는 다르게 같은 물음에 서로 반대의 대답을 할 것입니다. 모든 질문에 반대로만 대답할까요? 위의 질문 "당신은 진실만을 말하는가?" 경우에는 둘 모두 "예"라고 답할 것입니다.

참고문헌

• 이종학 (2011). 학교 수학에 활용 가능한 확률, 통계 영역에서의 역사적 패러독스. 한국수학사학회지.

Challenge

1) 어느 판결에서 판사가 피고에게 유죄를 선고하고 다음과 같은 형을 내렸습니다.

"다음주 월요일부터 토요일 사이 하루를 택해 교수형을 집행하겠습니다. 하지만 죄인에게 언제 형이 집행되는지 알리지 않습니다. 따라서 죄인은 형 집행일이 언제인지를 예측할 수 없습니다."

죄인은 가만히 생각에 잠겼다가 갑자기 "판사는 지금 거짓말을 하고 있습니다! 판사의 말대로라면 이 사형은 결코 집행될 수 없습니다."라고 소리쳤습니다. 그의 추론은 다음과 같았습니다. "판사의 말대로라면 절대로 토요일에는 형이 집행될 수 없습니다. 만약 월요일부터 금요일까지 형이 집행되지 않는다면 토요일 당일이 형 집행일임이 예측가능하기 때문에 토요일에는 결코 교수형에 처해지지 않습니다. 그럼 월요일부터 금요일 사이에 사형이 집행돼야 하는데, 만일 월요일부터 목요일까지 사형이 집행되지 않으면 반드시 금요일에 사형돼야 합니다. 금요일도 또 예측이 가능하게 돼 사형은 집행될 수 없습니다. 금요일과 토요일은 불가능하므로 월요일부터 목요일까지만 남고 같은 방법으로 해나가면 목요일, 수요일, 화요일 차례로 형이 집행될 수 없습니다. 이렇게 되면 월요일밖에 남지 않는데 이것 역시 예측 가능하므로 월요일부터 토요일 어느 날에도 사형은 집행될 수 없습니다." 죄수는 편한 마음으로 다음 한 주가 지나기를 기다렸습니다. 과연 죄수는 교수형을 피할 수 있었을까요? 하지만 교수형은 아무 문제 없이 수요일에 집행됐습니다. 어떻게 가능했을까요?

답안지

1) 판사의 판결은 '(1) 죄수를 교수형에 처합니다.', '(2) 죄수는 형 집행일 아침까지도 그날이 사형일임을 알 수 없습니다.'라는 두 가지로 요약될 수 있습니다. 만약 (1)을 사실로 받아들인다면 사형은 집행될 수 없게 돼 (2)는 거짓이 됩니다. 만약 (1)을 거짓으로 받아들이면 결과적으로 사형일을 예상할 수 없는 꼴이므로 (2)가 참이 됩니다. 판사의 말을 믿을 때 (1)이 참이면 (2)가 거짓이고 (2)가 참이면 (1)이 거짓이 되므로 판사의 말은 거짓말이 됩니다. 판사의 말을 믿지 않는다면은 어떻게 될까요? (1)을 거짓으로 보면 (2)는 참이고 (2)가 거짓이면 (1)이 참이 되니까 판사의 말은 참입니다. 판사의 말을 진실로 받아들이면 거짓이고 거짓으로 받아들이면 참이라니 매우 모순적입니다.

이것은 일명 '교수형 패러독스'로 잘 알려져 있습니다. 정확하지는 않지만, 1940년경 한 교수가 학생들에게 다음주 중 어느 날에 기습적으로 시험을 치를 것이라고 예고한 데에서 기원했다고 합니다. 교수는 학생들이 시험날짜를 정확히 예측할 수 없다고 장담했고 한 학생은 죄수와 같은 방법으로 시험이 치러질 수 없음을 증명합니다. 그러나 결국은 교수가 호언한 대로 시험이 치러졌습니다. 이런 논리로 판사의 판결은 옳았음이 입증됐습니다. 즉 위의 (1)과 (2)는 동시에 만족될 필요가 없는 것입니다.

13 페르미 추정(Fermi Estimate)

■ 수학영재 핵심 용어 해설 3 : 논리 · 자료와 가능성 영역

페르미 추정이란?

페르미 추정은 이탈리아의 노벨상 수상자인 물리학자 엔리코 페르미(E. Fermi, 1901~1954)에 의해 고안되었습니다. 한 번에 파악하기 힘든 수량에 대해서 '추정논법'을 사용해서 단기간에 대략적인 '어림수'를 산출해 낼 때 즐겨 사용했던 방법으로 비약적 사고(quantum thinking)의 핵심기술 중 하나입니다. 즉, 엄청난 양의 정보를 짧은 시간에 빠르면서도 적절한 해답으로 추출해 낼 수 있는 사고 능력을 말합니다.

그는 '미국에 도로 위에는 얼마나 많은 차가 있을까?', '전 세계의 축구공은 몇 개나 있을까?'와 같은 몇 개의 타당한 가정과 짐작을 이용함으로써 해결할 수 있는 문제를 제시하였고, 그 문제에 대한 정확하고 타당한 답을 제시하였습니다. 페르미는 '물리학자뿐만이 아니라 어떤 사고하는 사람도 단지 자신의 머리를 이용해 양적으로 정확하게 어떤 양에 대해 추측할 수 있다.'고 생각했습니다. 즉, 타당성 있고 어떤 실제적으로 지적인 큰 계산의 순서를 만들고 어떤 간단한 계산을 함으로써 어떤 수량을 정확하게 계산할 수 있다고 하였습니다.

페르미 추정은 왜 필요할까요?

페르미 추정은 '봉투의 뒷면 계산'이라고도 불리는데, 이는 문제가 떠올랐을 때 근처에 있는 봉투 뒷면에 어림셈을 간단히 해보는 방식이기 때문입니다. 즉, 페르미 추정은 정확한 수치를 찾기 위한 것이 아니라, 본격적인 계산에 앞서서 대략적이지만 빠르게 기준이 될 만한 수치를 얻어내기 위한 목적으로 사용됩니다. 회사를 운영하는 경우, 기획의 초기 부분에 아직 시장이 형성되지 않거나 불투명한 신규 사업에 대한 시장규모를 어림잡아 계산해야 할 경우에 제한된 정보를 가지고 추정을 해야 할 필요가 있습니다. 이때 아주 유용하게 사용될 수 있는 것이 바로 페르미 추정입니다. 가설사고와 마찬가지로, 기획의 초기부터 상세하게 시장을 분석하거나 신사업의 실현가능성을 정밀하게 검증하려고 덤비는 것보다는, 처음에는 어느 정도의 수치를 어림셈하는 수준에서 시작하는 것이 효율성 면에서 뛰어나기 때문입니다.

그렇기 때문에 페르미 추정은 기획자에게 있어서 결과의 정확성보다는 어떠한 사고방식으로 해답을 도출해냈느냐 하는 '과정(해답산출 논리)'에 대한 능력의 유무를 평가하게 해줍니다. 만약 생각하기를 게을리 하거나 싫어하는 기획자라면 페르미 질문들을 접하면 짜증을 내거나 이런 저런 핑계를 대며 피할 것입니다. 하지만 초등학생이라도 창조적으로 생각하기를 꾸준히 한다면 충분히 답을 이끌어낼 수 있습니다.

페르미 추정과 관련한 에피소드

1 맨해튼 계획(제2차 세계대전 때 실시된 미국의 원자 폭탄 개발계획)

세계 최초의 핵실험이 이루어진 1945년 7월 뉴멕시코 주 앨라모고도 사막의 베이스캠프에 있었던 페르미는 미리 준비해둔 노트를 찢은 종잇조각을 폭발이 느껴짐과 동시에 공중에 뿌려 자유낙하 시켰습니다. 그리고 폭발의 충격파로 이리저리 날린 종잇조각의 움직임을 통해 실험에 사용된 핵폭탄의 폭발력을 추정했는데, 이후 실제 폭발력의 규모와 비교했을 때의 그 정확함에 동료들도 혀를 내둘렀다고 합니다.

2 페르미 패러독스

페르미의 이름이 붙은 또 다른 유명한 에피소드가 '페르미 패러독스'입니다. 이것은 지구 외 문명(생물)의 존재유무에 대한 것으로 다음과 같습니다.

우주의 크기와 별의 수, 역사의 길이를 생각할 때 지구 외 문명(extra terrestrial civilization)이 존재하지 않는 것은 이상합니다. 그러나 지구상에서 이제껏 지구 외 문명은 목격되지 않았습니다. 페르미는 이 화제를 동료들에게 자주 던지면서 "다들 어디에 있는 걸까요?" 하고 물었다고 합니다. 이 패러독스를 페르미 패러독스라고 합니다. 지구 외 문명의 존재 확률에 관해서는 전형적인 페르미 추정을 응용할 수 있는 과제입니다. 참고로 미국의 천문학자 프랭크 드레이크는 페르미 추정을 이용해 다음과 같이 인간과 교신 가능한 지적 외계생명체의 수를 계산하는 데 사용되는 방정식인 '드레이크 방정식'을 유도해냈습니다.

> 드레이크 방정식:
> 우리 은하 내 교신이 가능한 지적 외계생명체 문명의 수 = 매년 생성되는 별의 수 × 그 별들이 행성을 가지고 있을 확률 × 생명체에 적합한 환경을 갖춘 행성의 수 × 조건을 갖춘 행성에서 생명체가 탄생할 확률 × 탄생한 생명체가 지적 문명으로 진화할 확률 × 지적 문명이 존재를 알릴 기술과 의지를 가지고 있을 확률 × 우주로 신호를 전송할 때의 존속 기간

페르미 추정 탐구

1 페르미 추정 사고 방법

사실 페르미 추정사고에서 가장 중요한 것은 지적 호기심입니다. 기획자가 단순지식이나 기억력에만 의존하면 창의적으로 문제를 해결해야 하는 상황에 맞닥뜨렸을 때 쉽게 포기하는 사태를 빈번하게 만들 수 있습니다. 이를 보완하기 위해 절대적으로 필요한 페르미 추정은 아주 높은 수준의 정확도를 갖는 해답을 산출하는 것이 아니고 최종 결과를 산출하는 데 실마리가 될 수 있는 어림값을 얻기 위한 것이기 때문에 일상에서 지속적으로 훈련을 하는 것이 중요합니다.

예를 들어, '지하철이나 버스 안에 붙어 있는 광고용 포스터가 총 몇 장이나 될까?' '사무실에서 하루에 소비되는 A4용지는 총 몇 장이나 될까?'처럼 일상에서 쉽게 눈에 띄는 대상들을 가지고 할 수 있습니다. 이 과정에서 기획자는 지식의 양이나 기억력에만

의존하던 단순한 사고에서 벗어날 수 있습니다. 물론 최종 해답의 질적 수준이나 높은 정확도를 요구되는 상황에서는 페르미 추정이 적합하지는 않습니다. 하지만 엄청난 양으로 쏟아져 나오는 정보의 홍수와 빠르게 변화하는 비즈니스 환경 속에서 신속하면서도 적절한 의사결정을 해야 하는 현대사회에서는 페르미 추정사고는 가설사고와 더불어 아주 중요하게 요구되는 기술입니다.

2 페르미 추정 순서

'우리나라의 전봇대의 개수는 모두 몇 개일까요?'라는 질문을 받았을 때, 전문가가 아닌 이상 이 해답을 지식으로 알고 있는 사람은 없을 것입니다. 이때, 기대하는 것도 현실의 전봇대의 개수보다 정답에 다가가기 위한 '산출 논리'입니다. 이러한 페르미 문제의 사고방법은 보통 '접근 방식 설정, 모델 분석, 어림 계산 실행, 현실성 검증' 순서의 4단계를 따릅니다(Hosoya, 2007).

▶ 1단계: 접근 방식 설정

문제를 접했을 때, '어떻게 하면 전봇대의 개수를 계산해 낼 수 있을까?'라는 고민에 빠지게 되는데, 집 주변의 전봇대를 상상한다면 이를 해결할 수 없을 것입니다. 여기에서 '단위 면적당 전봇대의 개수를 세워, 우리나라 총 면적으로 나누어 생각한다.'라는 접근 방식을 생각할 수 있습니다. 이외에도 '단위 세대당 개수를 생각한다.'와 같은 접근 방식도 타당합니다.

▶ 2단계: 모델 분석

다음으로 대상을 모델화 하여 단순한 요소로 분해합니다. 각 영역의 '단위 넓이당 개수'와 '총 넓이'를 알면 되는데, 더 정확하게 산출하기 위해, 이를 해결하기 위해 요소들이 무엇이 있는지 적절한 접근법으로 분해하여야 합니다. 즉, 도시와 산간지역을 구분하는 것, 그리고 도시와 산간지역의 비율은 전체 넓이의 각각 몇 퍼센트를 차지하고 있는지 등으로 분해합니다.

▶ 3단계: 어림 계산 실행

계산을 실행하기 위해서는 분해한 요소들의 수치를 알아야 합니다. '모델 분석' 과정에서 어느 정도 숫자 추정이 가능한 부분까지 인수분해를 해두었다면 구체적으로 도시지역은 '50m²당 1개', 교외 지역은 '200m²당 1개' 등의 수치를 대입하여 모델을 이용해 계산합니다. 이러한 수치를 모를 경우, 또 페르미 추정을 통해 추정합니다.

▶ 4단계: 현실성 검증

'어림 계산 실행'의 과정을 통해 결과가 나오지만, 이것이 현실적 자료와 수치가 가까운지 확인할 수 있을 것입니다. 이는 페르미 문제의 '가설 검증'에 해당하는데, 이는 확인 가능할 수도 있고, 분해한 요소들만 확인 가능한 경우도 있습니다.

❸ 페르미 추정의 실제 예

▶ 시카고의 피아노 조율사는 몇 명일까요?

이 문제를 빠르게 풀기 위해서는 첫 번째로, 문제를 풀 접근방식을 선정해야 합니다. 즉, 피아노 조율사는 연간 필요한 피아노 조율의 '수요'와 피아노 조율사가 하루와 연간 일할 수 있는 횟수 측면에서의 '공급'이라는 관점에서 접근해 볼 수 있습니다.

두 번째로는, 접근방식에 어울리는 어림 계산 모델을 만들어 봅니다.

세 번째로는, 중요한 요소들에 해당하는 어림 숫자들을 추정하여 계산모델에 따라 어림 계산을 실행합니다.

마지막으로는 자료 조사를 통해 현실과의 차이점을 비교해 봅니다.

이를 좀 더 자세히 설명하면 다음과 같이 가정을 만들 수 있습니다.

1. 시카고에는 약 5,000,000명이 살고 있습니다.
2. 평균적으로 시카고의 한 가구는 두 명으로 구성됩니다.
3. 대략, 20가구당 한 가구는 정기적으로 조율받는 피아노를 가지고 있습니다.
4. 정기적으로 조율받는 피아노는 평균적으로 약 1년에 한 번 꼴로 조율받는다.
5. 오가는 시간을 포함해서, 조율사는 피아노를 조율하는 데 대략 2시간을 소모합니다.

6. 각각의 피아노 조율사는 하루에 8시간, 주 5일, 일 년에 50주 근무합니다.

이런 가정으로부터 다음과 같이 시카고에서 1년 동안 이루어지는 피아노 조율에 대해 계산할 수 있습니다.

(시카고 인구 5,000,000명) ÷ (2명/1가구) × (1피아노/20가구) ×
(1피아노 조율/1년) = 125,000건

그리고 다음과 같이 한 명의 조율사가 1년 동안 작업하는 횟수를 계산할 수 있습니다.

(50주/1년) × (5일/1주) × (8시간/1일) × (1피아노 조율/2시간) = 1,000회

이런 계산 결과를 다음과 같이 조합하면 시카고에는 125명의 피아노 조율사가 있음을 추측할 수 있습니다.

(시카고에서 1년 동안 이루어지는 피아노 조율 125,000건) ÷
(한 명의 조율사가 1년 동안 작업하는 횟수 1,000) = 125명

▶ 출근 시간, 빵집에서 신당네거리 앞까지 교통체증으로 도로에 차가 가득 차 있습니다. 이 차들은 모두 몇 대일까요?

이 문제 해결하기 위해서는 빵집에서 신당네거리 앞까지 도로의 길이를 알아야 합니다. 도로의 길이를 약 150 m라고 가정합시다. 차는 한 대당 보통 소, 중형은 3 ~ 4 m이므로 3.5 m라고 가정합시다. 그리고 모두 안전거리를 확보한다고 했을 때, 그 거리는 2 m라고 합시다. 그리고 4차선 도로이므로 다음과 같이 계산할 수 있습니다.

(계산) 자동차의 개수를 x개라 하면 $3.5x + 2(x+1) = 150$입니다. $5.5x = 148$이므로 차는 약 26.9대씩 있습니다. 그런데 4차선이므로 총 자동차는 약 $26.9 \times 4 = 108$대가 존재할 것입니다.

참고문헌

• 송설란(2011). 페르미 문제에 대한 문제해결력과 정당화 과정. 한국교원대학교 석사학위 논문.
• 강혜정 역(2011). 페르미 추정 두뇌 활용법. 서울: 에이지이십일.

Challenge

1) 책 한 권의 글자 수는 모두 몇 개일까요?

2) 10층짜리 건물을 엘리베이터를 이용하여 꼭대기 층까지 올라가는 데 걸리는 시간은 얼마일까요?

3) 크리스마스에 케이크는 몇 개나 팔릴까요?

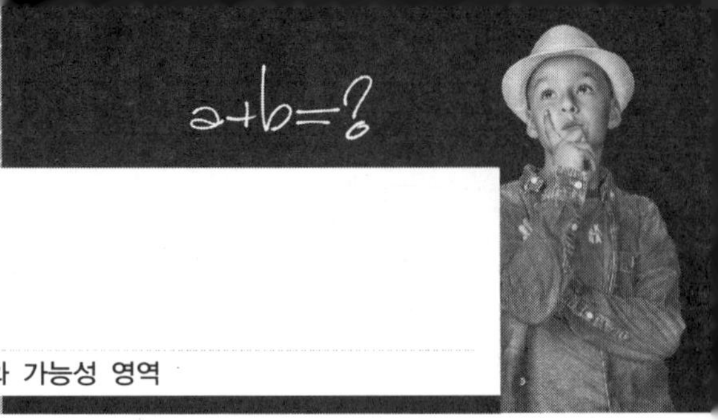

14 평균(mean)

평균이란?

평균은 여러 개의 많은 수치 자료를 하나의 수치로 나타낸 것, 대표하는 값, 즉 대푯값이라는 의미가 있습니다. 또한, 균등한 재분배의 의미가 있습니다. 이것이 가장 정확한 평균의 의미입니다.

평균은 왜 필요한가?

현대 사회는 정보화 사회이고 다양한 정보가 끊임없이 빠른 속도로 생산되고 있습니다. 실생활에서 이러한 많은 정보들을 해석하여 판단하고 선택해야 하는 경우에 통계적인 자료를 참고하게 됩니다. 통계학의 가장 기본적인 요소 가운데 하나가 정보이며 합리적인 의사결정을 하기 위해서는 적절한 방법으로 자료의 종류에 따라서 이용할 수 있는 분석 방법이 달라져야 합니다. 그런데 이러한 정보들은 대부분 숫자를 포함하거나 간단한 수로 요약되어 제공되는 경우가 많습니다. 이러한 통계자료로 표현된 숫자를 올바로 해석하고 판단하는 통계적 안목이 필요합니다. 문자를 해독하는 능력 못지않게 통계를 해석하는 능력은 현대 사회에서 누구에게나 필요한 조건입니다.

대푯값

주어진 자료들이 어떤 값을 중심으로 분포되어 있는가를 나타내는 것으로서 통계집단의 자료 전체를 하나의 수치로 요약하여 나타낸 값을 말합니다.

대푯값에는 계산에 의해 결정되는 산술적 대푯값(산술평균, 기하평균, 조화평균)과 자료가 크기에 의해 놓인 순서나 빈도에 의해 결정되는 위치적 대푯값(최빈값, 중앙값, 사분위수)이 있습니다.

일반적으로 평균(average)이라고 하면 산술평균, 최빈값, 중앙값 등을 총칭하는 대푯값을 의미합니다. 그중 산술평균은 가장 많이 쓰이는 개념으로 흔히 평균(mean)이라 불립니다.

산술적 대푯값

1 산술평균(arithmetic mean)

자료들의 중심적인 성향을 가장 잘 나타내는 측정치로 자료들을 모두 더한 후, 자료의 개수로 나눈 값을 말합니다.

$$M = \frac{X_1 + X_2 + X_3 + \cdots X_n}{n}$$

산술평균은 전체 측정값이 수학적으로 간단한 형식으로 표현되므로 대수적 연산이 가능하며 이 계산 과정에 전체 자료값이 모두 반영될 수 있다는 특성 때문에 여러 자료를 표현하는 데 다른 대푯값보다 널리 이용됩니다.

예) 학생들의 한 뼘 길이를 측정하였습니다. 8명의 평균 한 뼘 길이는 얼마일까요?

21, 18, 20, 21, 23, 21, 25, 24

$$M = \frac{21 + 18 + 20 + 21 + 23 + 21 + 25 + 24}{8} = 21.625$$

2 기하평균(geometric mean)

경영이나 경제, 미생물학 등에서 쓰이고 있는 기하평균은 인구증가율, 경제 성장률 등과 같이 어떤 비율로 증가하거나 감소하는 자료에 대한 변동률의 평균값을 구하는 데 주로 이용됩니다.

$$G = \sqrt[n]{X_1 \times X_2 \times \cdots X_n}$$

예) 어느 해 1월부터 집값의 5개월 동안 상승률을 조사한 자료입니다. 평균 상승률은 얼마일까요?(공학용 계산기를 활용해서 계산해봅시다.)

1.048, 1.069, 1.050, 1.163, 1.054

$$G = \sqrt[5]{1.048 \times 1.069 \times 1.050 \times 1.163 \times 1.054} = 1.079$$

3 조화평균(harmonic mean)

시간적으로 계속 변하는 속력이나 물건의 시세 등의 평균으로는 조화평균이 이용됩니다.

$$H = \frac{n}{\frac{1}{X_1} + \frac{1}{X_2} + \frac{1}{X_3} + \cdots + \frac{1}{X_n}}$$

예) 출발점에서 10km까지는 30km/h의 속력으로, 그 다음 10km는 60km/h의 속력으로 주했을 때, 평균속력은 얼마일까요?

$$H = \frac{2}{\frac{1}{30} + \frac{1}{60}} = 40\mathrm{km/h}$$

위치적 대푯값

일반적으로 대푯값은 산술평균이지만 극단적인 자료가 포함되어 있을 경우에는 대푯값으로서의 의미가 약하다는 단점이 있습니다. 이러한 경우에 극단적인 자료값에 영향을 받지 않는 중앙값이나 최빈값을 이용합니다.

1 중앙값(median)

자료의 크기에 따라 일렬로 늘어놓았을 때 중앙에 위치하는 값을 의미합니다. 중앙값은 구하는 절차가 간단하고, 아주 큰 값이나 작은 값에 별로 영향을 받지 않기 때문에 경기변동 등 극단적인 자료가 있는 경우에 좋은 대푯값으로 사용됩니다.

자료의 수가 짝수일 경우, 중앙에 위치한 두 수의 산술평균이 중앙값이 되고, 자료의 수가 홀수인 경우 중간에 위치한 수가 중앙값이 됩니다.

예) 사회 시험의 점수를 나타낸 것입니다. 중앙값은 얼마일까요?

50, 55, 60, 70

총 개수가 짝수이므로 55와 60의 평균을 구하면 됩니다. 즉 답은 57.5입니다.

2 최빈값(mode)

가장 빈번하게 나타나는 변량의 값을 말합니다. 도수분포표에서 도수가 최대인 계급을 최빈계급이라 하고 이 계급의 계급값으로 최빈값을 추산합니다. 최빈값의 위치는 집중경향이나 집중 위치를 나타내는 대푯값으로 역할을 하고 비대칭 정도를 파악하는 데도 유용하게 사용됩니다. 완전대칭의 분포에서는 산술평균, 중앙값, 최빈값이 모두 같습니다.

예) 자료 2, 3, 2, 1, 4의 최빈값은 얼마일까요? 답은 2입니다.

[참고]
최빈값은 변량이 모두 다른 경우에는 존재하지 않고, 자료에 따라서는 최빈값이 2개 이상일 수도 있습니다. 즉, 변량이 1, 3, 5, 7, 9인 경우에는 최빈값이 없고, 변량이 2, 4, 4, 6, 8, 8인 경우에는 최빈값이 4와 8의 두 개입니다.

3 사분위수(quartile)

석차등급, 과일 등의 등급을 산정할 때와 같이 어떤 집단 내에서 등급을 나누어 점수로 환산하거나 가격을 정할 때 사용됩니다. 600명의 고등학교 학생들의 석차등급을 10등급으로 환산하는 경우에는 성적순으로 차례대로 나열하여 10등분하면 됩니다. 자료의 개수가 클 때(30 이상 정도)는 중앙값 대신에 자료를 작은 것부터 크기순으로 배열한 것을 4등분한 사분위수나 10등분한 십분위수 그리고 100등분한 백분위수가 대표치로 사용됩니다.

1부터 100까지의 자료값이 있다고 했을 때, 각각의 사분위는 다음과 같습니다.

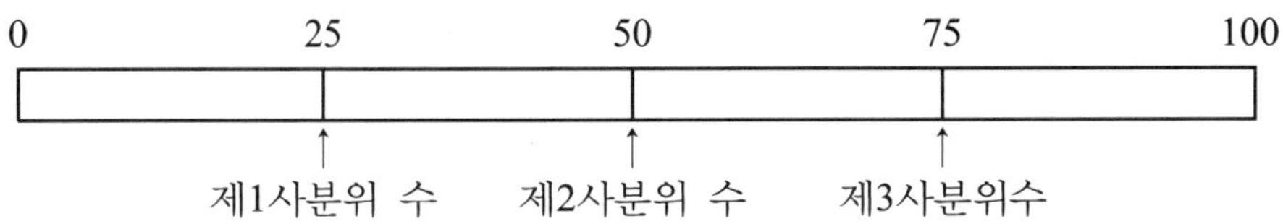

제1사분위 수: 하위 25%에 해당하는 수

제2사분위 수: 하위 50%에 해당하는 수

제3사분위 수: 하위 75%에 해당하는 수

25, 50, 75와 같은 P백분위수는 자료를 크기 순서로 배열해 놓았을 때 적어도 P%의 자료가 그 자료값이나 그 자료값의 왼쪽에 있게 되는 값을 말합니다.

예) 다음 자료의 사분위수를 구하세요.

5, 13, 6, 7, 11, 8, 9

크기 순서로 배열하면 5, 6, 7, 8, 9, 11, 13이 됩니다.

자료 전체의 개수는 7개이므로

$7 \times 0.25 = 1.75$: 제1사분위수는, 두 번째 수인 6

$7 \times 0.5 = 3.5$: 제2사분위수는, 네 번째 수인 8

$7 \times 0.75 = 5.25$: 제3사분위수는, 여섯 번째 수인 11

평균의 함정

예 1) 훈련 중 강을 건너야 하는 병사들이 평균 수심 1.3m라는 표지판만 믿고 건너다가 많은 희생을 겪을 수 있습니다.

예 2) 병에 걸린 환자에게 의사가 평균 5년밖에 살지 못한다고 말한다면 환자에게 충분한 정보를 제공한 것이 아닙니다. 평균 생존 기간만 알고 생존기간의 분포에 대해 모른다면 환자는 그에 맞는 투병계획을 세울 수 없습니다.

예 3) 근로자의 평균 연봉이 2500만원이라고 알고 일을 했는데 첫 번째 달의 월급이 50만원이었습니다. 12개월을 한다면 600만원인데 잘못된 것이라고 항의를 하였으나 사장과 임원, 과장 등의 월급을 함께 계산한 것을 알고 실망한 일이 있습니다.

이상의 예를 통해 알 수 있듯이 평균만으로 합리적인 의사결정을 내릴 수 없으며, 올바른 판단을 하기 위해서는 평균 주위의 흩어진 정도도 함께 고려해야 합니다.

데이터의 분석

데이터의 분석은 평균, 중앙값, 최빈값, 범위, 표준 편차, 분산, 평균의 표준 오차 및 신뢰 구간과 같은 기술 통계로 시작합니다. 이러한 통계들은 뽑혀진 데이터들로부터 온 표본과 표본이 나타낸 모집단에서의 관심의 정확성에 대한 모집단 데이터를 요약하고, 정보를 제공하는 데 사용됩니다. 평균, 중앙값 그리고 최빈값은 데이터의 '중심경향' 척도입니다. 범위, 표준편차, 분산, 평균의 표준오차 및 신뢰 구간들은 중심경향척도에 대한 데이터의 '분산' 또는 '가변성'에 관한 정보를 제공합니다.

1 중심경향척도

데이터분석에서 평균, 중앙값 및 최빈값을 사용하기에 적합한 것은 데이터 세트(컴퓨터 상의 데이터 처리에서 한 개의 단위로 취급하는 데이터의 집합)와 그것의 구분(정상적인 또는 비정상적인)의 본질에 의존합니다. 평균(X로 표시된)은 개인들의 데이터점수들의 합(Σ는 '총합'과 같습니다.)을 관측한 개수(n으로 표시된) 나눔으로써 계산됩니다. 그것은 관측의 산술평균이고 한 데이터세트의 중간으로 사용됩니다.

평균은 흔히 정상적으로 분산된 숫자로 나타낸 데이터를 나타내는 데 사용됩니다. 데이터세트에 있는 극값들은 매우 민감합니다. 예를 들면, 데이터세트 {1,2,3,4,5}의 평균은 $\frac{15}{5}$ 또는 3입니다. 만약 숫자 20이 5자리를 대신한다면, 데이터세트는 {1,2,3,4,20}이 되고 평균은 $\frac{30}{5}$ 또는 6이 됩니다. 이때 평균 3은 정확하게 첫 번째 데이터세트의 '중간'을 나타내는데, 평균 6은 두 번째 데이터세트의 분배를 정확하게 나타낼 수 없습니다. 따라서 평균은 이러한 외부값들이 나타난다면 데이터의 진짜 중앙값을 정확하게 나타내지 못할 것입니다.

중앙값은 한 데이터세트의 중간을 나타내는 또 다른 방법입니다. 그것은 만약 관측수인 n이 홀수라면 데이터의 중간에 있는 값이고 만약 n이 짝수라면 두 중앙값들의 평균입니다. 데이터점수들의 반은 평균보다 크고, 반은 평균보다 작습니다. 예를 들면 두 번째 데이터세트에 있는 20의 외부값에도 불구하고 데이터세트들 위에 있는 각각의 중앙값은 3입니다. 중앙값은 따라서 두 번째 데이터 세트에서의 경우와 같이 비정상적으로 분포된 데이터 세트의 중심을 설명하는 데 유용합니다. 그것은 또한 일반적으로 비수치적인 순서 자료와 함께 사용됩니다.

최빈값은 데이터에서 가장 빈번하게 나타나는 값입니다. 각각의 데이터세트에 대한 하나 또는 더 많은 최빈값이 있을 수 있고 이것은 최빈값을 모드를 둘 가진 모집단을 나타내는 데 유용한 방법입니다. 예를 들면 데이터세트 {2,3,4,4,5,6,7,7,8,9}에서 4와 7이라는 두 가지 최빈값이 있습니다. 한 데이터세트는 한 가지 또는 더 많은 최빈값이 존재할 수도 있으나 평균과 중앙값은 한 가지씩만 존재합니다.

평균, 중앙값 그리고 최빈값은 한 데이터 분포의 대칭을 평가하는 데 사용될 수 있습니다. 이것은 정확한 통계적인 테스트를 선택하는 데 필수적입니다. 만약 평균과 중앙값이 같다면, 데이터는 주로 대칭적이거나 정상적으로 분포되고 정상적으로 분포된 데이터를 위한 테스트가 사용되어야 합니다. 만약 평균과 중앙값이 두드러지게 다르다면, 데이터는 왜곡되고 비정상적으로 분산된 데이터를 위한 테스트가 적합합니다.

2 가변성의 측정들

평균, 중앙값 그리고 최빈값은 데이터의 중심경향성을 나타내는 데 사용되었습니다. 하지만 단독으로 사용했을 때, 그들은 적절하게 데이터세트를 설명하지 못합니다. 우리는 또한 정확하게 설명해주는 중심경향의 측정들에 관한 데이터의 '분산' 혹은 가변성이 필요합니다. 이 가변성은 통계적인 분석을 사용하도록 되어 있다는 것을 알아야 합니다. 이 가변성을 설명하는 한 방법은 데이터세트에서 가장 작은 수와 가장 큰 수 사이의 차이를 나타내는 범위입니다. 이것은 빈번하게 최솟값과 최댓값으로 불리고, 극값 혹은 한 방향 혹은 다른 방향에 있는 평균과 중앙값을 왜곡하는 경향이 있는 '극단치'의 존재를 증명하는 데 사용됩니다.

데이터의 퍼진 정도를 잘 알려주는 가장 일반적인 방법은 표준편차일 것입니다. 표준편차는 우리가 흔히 볼 수 있는 통계 자료들의 주춧돌 역할을 합니다. 표준편차는 평균으로부터 숫자들이 평균적으로 얼마만큼 떨어졌느냐 하는 것을 말합니다. 만약 데이터들이 분포되어 있다고 가정하면(단, 평균을 기준으로 하여 양쪽에 데이터들이 종 모양으로 배치되어 있다고 가정합니다.) 약 68%의 데이터는 표준편차 1 이내에 해당하고, 약 95%의 데이터는 표준편차 2 이내에 약 99%의 데이터는 표준편차 3 이내에 위치할 것입니다.

표준편차는 흔히 볼 수 있는 어떤 컴퓨터로도 쉽게 계산이 가능하지만 등식은 데이터 분석을 위해 일반적으로 사용되는 통계적 결과를 말하기 위해 반복적으로 사용할 때 포함됩니다. 분산은 표준편차의 제곱입니다.

우리가 나트륨－혈청 변화 정도의 중심경향 척도와 분포 정도를 결정하기 위해 평균과 표준편차를 계산한다고 가정해 봅시다. 이러한 계산들은 우리가 매일 사용하는 '일반 실험실 범위들'의 기본입니다. 최선의 실험 테스트를 위한 일반적인 범위는 평균에서＋2, －2인 표준편차로 정의될 수 있고 이 표준편차는 인구의 95%가 가져오는 테스트 결과를 포함합니다.

데이터를 묘사할 때, 우리는 평균이 6mEq/L, 표준편차가 3, 분산이 9 그리고 숫자들의 95%가 평균의 6mEq/L(표준편차 2) 이내에 있다고 말할 수 있습니다. 이것은 나트륨－혈청이 가장 임상적인 범위에 있는 것과 비슷합니다.

평균, 표준편차, 그리고 분산은 만약 데이터가 큰 이상치를 가지거나 편중되어 있다면 (비정상적으로 배치되어 있다면) 적당하지 않습니다. 이럴 경우에는, 중앙값이나 범위가 더 정확하게 중심경향측도와 데이터의 분포를 잘 설명할 수 있을 것입니다. 차트나 다른 그래픽들은 분포 정도가 확연히 보이는 데이터를 묘사하는 데 비슷하게 사용될 수 있습니다.

가중평균(weighted mean or weighted average)

만약 평균을 구할 때 전체 사례 중 어느 한 특정 사례가 나머지 사례에 비해 지나치게 많거나 적은 수치를 보일 경우, 그 극단에 치우친 사례는 평균에 크게 영향을 줄 것입니다. 이 경우, 평균을 가지고 그 집단의 집합경향을 보여주기에는 한계가 있습니다.

예를 들어, 두 학생이 있습니다. 두 학생은 지금 중간고사를 봤습니다.

과목	학생 1	학생 2
수학	100	80
영어	100	90
국어	100	70
물리	100	80
한문	10	100

학생 1 평균 : 410/5 = 82점

학생 2 평균 : 420/5 = 84점

학생 1은 한문을 제외한 네 과목에서 100점을 맞았지만 한문에서 10점을 맞아서 평균이 82점으로 상당히 낮아졌습니다. 그렇다면 학생 1이 학생 2보다 공부를 못하는 것일까요?

만약 두 학생 모두 S 대학교에 지원한다고 합시다. 그런데 S 대학교는 수학, 영어, 국어, 물리과목만 잘하면 들어갈 수 있다고 합시다. 즉, 한문과목 점수는 무시하고 학생을 뽑는다고 합시다. 둘 중 한 명을 뽑는다고 할 때, 누가 S 대학교에 들어갈 수 있을까요?

이때 들어가는 개념이 가중치입니다.

S 대학교는 한문과목에 대한 가중치를 0으로 둡니다. 즉, 한문과목 점수에 대한 중요도를 갖지 않는 것입니다. S대의 각 가중치는 다음과 같습니다.

과목	수학	영어	국어	물리	한문	계
가중치(%)	25	25	25	25	0	100

S 대학교가 100점 만점의 기준을 가지고 점수가 높은 학생을 뽑는다고 할 때,

학생 1의 점수는 다음과 같고

$$100 \times 0.25 + 100 \times 0.25 + 100 \times 0.25 + 100 \times 0.25 + 10 \times 0 = 100\text{점}$$

학생 2의 점수는 다음과 같습니다.

$$80 \times 0.25 + 90 \times 0.25 + 70 \times 0.25 + 80 \times 0.25 + 100 \times 0 = 80\text{점}$$

따라서 S 대학교는 학생 1을 뽑을 것입니다. 만약 S 대학교가 과목 전체의 평균으로 학생을 뽑는다고 하면 학생 2를 뽑겠지만, S 대학교는 한문을 잘할 필요는 없어서 전체 평균만 가지고는 원하는 학생을 뽑을 수 없다고 판단하여, 각 과목에 가중치를 두어 점수를 산출하여 학생을 뽑은 것입니다.

참고문헌

• 남궁필선(2004). 초등학교에서 평균에 대한 교수 · 학습 방안 연구. 춘천교육대학교 교육대학원 석사 학위 논문.

1) 수학성적 평균이 70점일 때, 80점인 학생은 몇 명입니까?

40점 2명. 60점 3명. 80점 x명. 100점 1명

2) 5학년 학생들의 수학 성적이 A반은 63점, B반은 57점입니다. A반과 B반을 합하여 계산한 전체 평균은 61.5점입니다. A반과 B반의 학생 수의 비는 얼마입니까?

답안지

1) 6명

$(40\times 2+60\times 3+80\times x+100\times 1)/(2+3+x+1)=70$이므로

$(80x+360)/(x+6)=70$

$80x+360=70x+420$

$10x=60$

$x=6$

2) 3:1

A반 학생 수를 a명, B반 학생 수를 b명이라고 하면, $(63a+57b)/(a+b)=61.5$이므로 $63a+57b=61.5a+61.5b$이다.

이를 정리하면, $1.5a=4.5b$, 즉 $a:b=4.5:1.5=3:1$이다.

15 프랙털(fractal)

■ 수학영재 핵심 용어 해설 3 : 논리 · 자료와 가능성 영역

프랙털이란?

프랙털은 부분과 전체가 똑같은 모양을 하고 있다는 자기 유사성 개념을 기하학적으로 푼 구조를 말합니다. IBM의 Thomas J. Watson 연구센터에 근무했던 프랑스 수학자 망델브로(Mandelbrot) 박사가 1975년 '쪼개다'라는 뜻을 가진 라틴어 '프랙투스(frāctus)'에서 인용해서 처음 만들었습니다.

망델브로는 저서 《Nature of Geometry Fractal》에서 "영국의 해안선 길이는 얼마일까?"라는 물음을 던지고 있습니다. 리아스식 해안선에는 움푹 들어간 해안선 안에 굴곡진 해안선이 계속되었고, 자의 눈금 크기에 따라 전체 해안선의 길이가 달라졌으며, 결과적으로 아주 작은 자를 이용하면 해안선의 길이는 무한대로 늘어나게 되었습니다. 그는 이처럼 같은 모양이 반복되는 구조를 '프랙털'이라고 부르기 시작하였습니다.

프랙털은 단순한 구조가 끊임없이 반복되면서 복잡하고 묘한 전체 구조를 만드는 것으로, 즉 '자기 유사성(self−similarity)'과 '순환성(recursiveness)'이라는 특징을 가지고 있습니다. 코흐 곡선이나 시어핀스키 삼각형처럼 주어진 도형을 어떤 규칙에 따라 다음 단계의 도형으로 만드는 과정을 한없이 되풀이할 때 만들어지는 도형을 자기닮음 도형 또는 프랙털이라고 합니다.

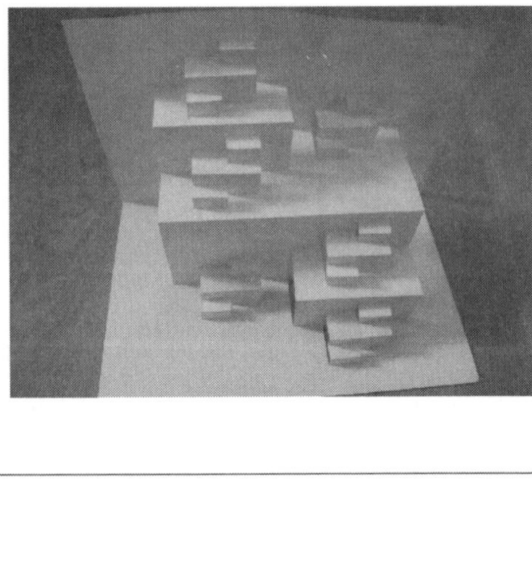

프랙털은 왜 필요할까요?

프랙털 구조로 이루어진 자연의 모습을 찾아보면, 리아스식 해안선, 동물혈관 분포 형태, 나뭇가지 모양, 창문에 성에가 자라는 모습, 산맥의 모습 등이 모두 프랙털이며, 결국은 우주의 모든 것이 프랙털 구조로 되어 있다고 말할 수 있습니다.

많은 과학자들은 응용과학의 중요한 문제를 해결하기 위한 강력한 도구로서 프랙털을 발견했습니다. 생리학, 물리학, 화학, 기상학, 카오스 현황에 관한 연구에도 매우 중요하게 응용되고 있습니다. 그리고 프랙털은 해안선, 구름, 산, 성단, 지진의 분포, 달의 분화구, 눈송이, 혈관조직, 뇌조직, 신경조직 등 자연 속에서 쉽게 발견되기 때문에 자연 현상을 모델링하는 데도 적합한 모델이 됩니다.

프랙털 탐구

프랙털은 언제나 부분이 전체를 닮는 자기 유사성과 순환성을 특징으로 갖는 형상을 일컫습니다. '프랙털'이란 이름은 1975년 망델브로에 의해 지어졌으나, 이러한 형상들에 관한 추상적인 논의는 훨씬 이전부터 있었습니다. 프랙털의 예로는 피타고라스 나무, 코흐 눈송이, 시어핀스키 삼각형, 멩거 스펀지, 원형 순환 프랙털 등이 있습니다.

1 칸토어 집합(Cantor Set)

러시아 성 페테르부르크 태생의 독일 수학자이자 집합론의 창시자인 칸토어(G. Cantor)가 생각해 낸 0과 1 사이의 실수로 이루어진 집합으로서 (0, 1)부터 시작하여 각 구간을 3등분하여 가운데 구간을 반복적으로 제외하는 방식으로 만들어집니다.

길이가 1인 선분에서 $\frac{1}{3}$부터 $\frac{2}{3}$까지 $\frac{1}{3}$을 지우고, 남은 부분에 대해서도 중앙의 $\frac{1}{3}$을 지우는 일을 계속 반복하면 무수히 많은 점들이 남게 되는데, 코흐 곡선과 마찬가지로 부분과 전체가 같은 모양을 갖는 프랙털이 되는 것입니다.

이 집합에서 남아 있는 구간의 길이를 구해보면 원래 구간의 길이를 1로 할 때,

1단계에서는 가운데의 $\frac{1}{3}$을 잘라내므로 남아 있는 구간의 길이는 $\frac{2}{3}$입니다.

2단계에서는 길이가 $\frac{1}{3}$인 구간 2개에서 각각 $\frac{1}{3}$을 잘라내므로 남아 있는 구간의 길이는 $\left(\frac{2}{3}\right)^2$이며, 3단계에서는 길이가 $\frac{1}{9}$인 구간 4개에서 각각 $\frac{1}{3}$을 잘라내므로 남아 있는 구간의 길이는 $\left(\frac{2}{3}\right)^3$이 됩니다.

이런 과정을 무한히 반복할 때 남아 있는 구간의 길이는 0이 됩니다.

2 피타고라스 나무

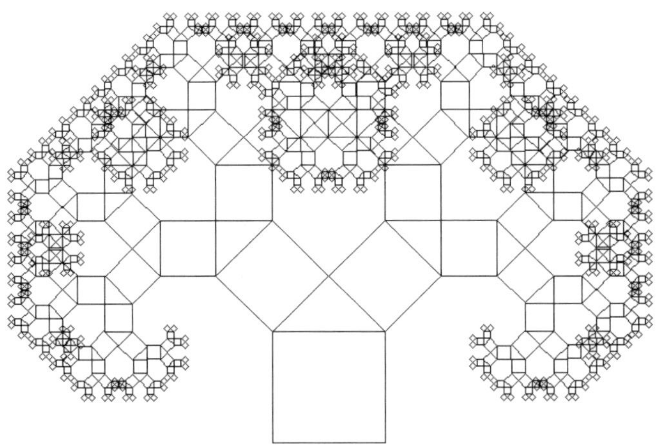

▶ GSP*로 피타고라스 나무를 작도하는 방법

1. 먼저 선분을 그립니다. 이 선분을 그리는 방향에 따라 나중에 반복을 지정할 때

* GSP(Geometer's Sketchpad)는 도형을 그리는 기하프로그램으로 수학사랑(www.mathlove.kr)에서 평가판을 내려 받을 수 있다.

방향이 달라지기 때문에 점 A에서 점 B 방향으로 그리도록 합니다.

2. 선분 AB를 한 변으로 하는 정사각형을 그려 내부에 색칠을 합니다.
3. 선분 AB의 중점 O를 찍고 점 O, A, B 순서로 세 점을 선택하고, 작도메뉴의 원 위의 호를 클릭합니다.
4. 호 위에 점(점 C)을 찍고, 선분 AC와 선분 CB를 작도하여 삼각형을 그립니다. 이 삼각형은 직각삼각형입니다.
5. 호와 중점 O를 숨깁니다.
6. 선분 AC와 선분 CB를 한 변으로 하는 정사각형을 각각 바깥쪽에 그립니다.
7. 반복을 하기 전에 보기 메뉴의 가변색을 이용하면 좀 더 아름다운 색으로 변하는 피타고라스 나무가 완성됩니다.
8. 점 A와 점 B를 차례로 선택하고 변환메뉴의 반복을 클릭하면 대화상자가 나타납니다. 여기서 점 E와 점 D를 차례로 선택하면 대응될 개체에 그림처럼 나타납니다.
9. 대화상자의 규칙을 클릭하여 대응추가를 선택하고 다시 점 G와 점 F를 차례로 선택합니다.
10. 또 이 대화상자에서 규칙의 점이 아닌 개체만을 선택하고 표시의 모든 단계의 개체를 선택하고 실행을 클릭합니다.
11. 점 C를 제외하고 모든 점은 숨깁니다.
12. 점 C를 움직여 봅니다. 점 C에 애니메이션을 만들어 봅니다.(점 C를 선택하고 편집 메뉴의 동작버튼의 애니메이션)
13. 도형을 모두 선택하고 키보드에서 +, −키를 이용하여 반복의 깊이를 조절할 수 있습니다.

3 코흐 눈송이

'코흐 곡선'은 1904년에 스웨덴의 수학자인 코흐(Koch, 1870~1924)가 1904년에 고안한 가장 대표적인 프랙털 곡선 중의 하나입니다. 코흐 곡선을 그리는 방법은 다음과 같습니다.

▶ 코흐 곡선을 그리는 방법

1. 먼저 한 개의 선분을 그려 3등분합니다.
2. 가운데의 $\frac{1}{3}$부분을 삭제합니다.
3. 삭제한 부분에 길이가 $\frac{1}{3}$인 두 변을 정삼각형의 두 변처럼 바깥쪽으로 연결하여 그립니다.
4. 만들어진 각 변에 대해 1의 과정을 계속 반복합니다.

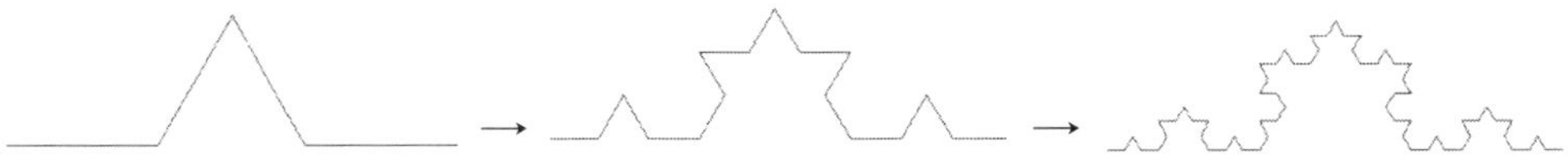

▶ 코흐 눈송이를 그리는 방법

'코흐 눈송이'도 정삼각형에서부터 출발하여 위와 같은 방법으로 그릴 수 있습니다. 코흐 눈송이는 눈송이 곡선이라고도 하는데 그리는 방법은 다음과 같습니다.

1. 먼저 정삼각형을 그립니다.
2. 정삼각형의 각 변을 3등분하여 가운데의 $\frac{1}{3}$부분을 삭제합니다.
3. 삭제한 부분에 길이가 $\frac{1}{3}$인 두 변을 정삼각형의 두 변처럼 바깥쪽으로 연결하여 그립니다.
4. 만들어진 각 변에 대해 2의 과정을 계속 반복합니다.

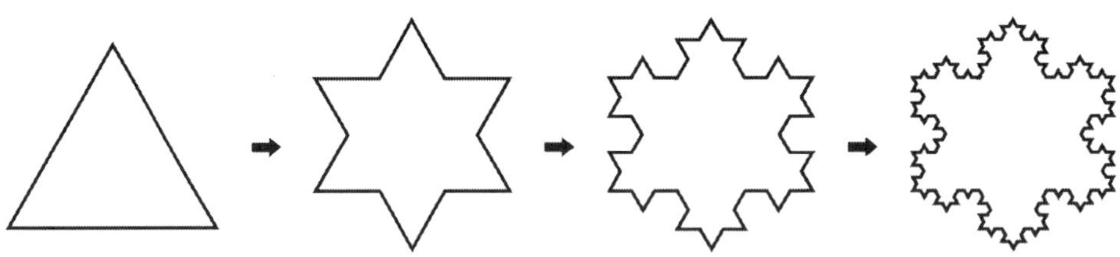

4 시어핀스키 삼각형

시어핀스키 삼각형(Sierpiński triangle)은 바츨라프 시어핀스키의 이름이 붙은 프랙털 도형입니다. 시어핀스키 가스켓(Sierpiński gasket)으로도 불린다.

▶ 시어핀스키 삼각형 그리는 방법

1. 정삼각형 하나에서 시작합니다.
2. 정삼각형의 세 변의 중점을 이으면 원래의 정삼각형 안에 작은 정삼각형이 만들어집니다. 이 작은 정삼각형을 제거합니다.
3. 남은 정삼각형들에 대해서도 위의 2를 실행합니다.
4. 이후에 3을 무한히 반복합니다.
5. 반복하면 다음과 같은 도형이 얻어집니다.

5 멩거 스펀지

정육면체의 각 변을 3등분하면 27개의 작은 정육면체로 쪼개집니다. 거기서 각 면의 가운데 정육면체 6개와 한가운데 정육면체 1개를 빼면 모든 면에서 가운데가 뚫린 정육면체가 완성됩니다. 그리고 남은 20개의 정육면체를 처음처럼 각각 3등분하여 더 작은 정육면체로 만든 후 가운데를 빼내고 다시 더 작은 정육면체를 3등분하여 더 작은 정육면체로 만들어 가운데를 빼냅니다. 이러한 과정을 계속하면 각 과정에서 물체의 겉넓이는 이전 단계의 3분의 4배가 되며, 물체의 부피는 전 단계의 27분의 20이 됩니다. 겉넓이는 무한히 넓어지고 부피는 0이 되는 물체가 됩니다.

6 원형 순환 프랙털

원형 순환 프랙털은 프랙털과 음양 심볼을 기반하고 있습니다. 또한 전자기장(electro-magnetic field)이나 차크라장(chakra field)의 다이어그램과 유사한 형상을 연상하게 됩니다. 프랙털에 관심 있는 사람이라면 이 이미지를 보는 순간 칸토어 세트나 시어핀스키의 삼각형과 유사하다는 것을 알 수 있습니다. 또 한 가지 재미있는 사실은 형태가 단순하게 점점 배수로 작아지면서 원의 가운데 수평지점으로 무한대로 펼쳐진다는 것입니다. 영어로 표현하면 'Circular infinity', 우리말로 '원형 순환 프랙털'이라고 할 수 있습니다.

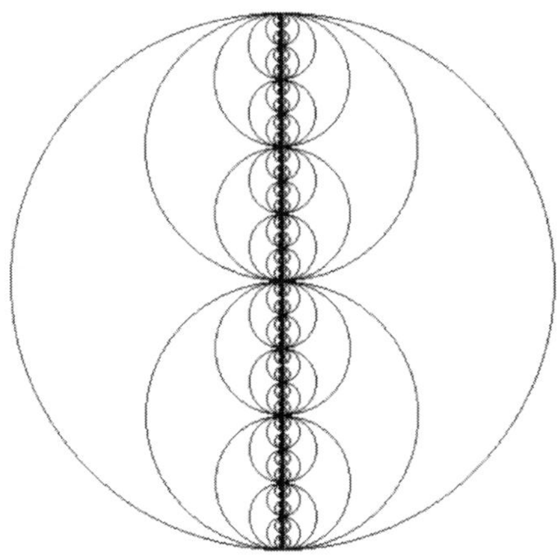

참고문헌

- 한지은(2001). 프랙털 기하가 학생들의 시각적 사고에 미치는 영향에 대한 사례 연구. 이화여자대학교 대학원 석사학위 논문.
- 김정하, 권혁진(2014). 재미있는 수학 이야기. 서울: 가나출판사

Challenge

1) 다음 동영상을 보면서 입체 프랙털을 만들어 봅시다.
   http://goo.gl/FsvnhT 또는 http://goo.gl/buerhu

2) 다음 그림에서 첫 번째 그림인 검은 색으로 다 칠해진 모양의 삼각형을 S1, 두 번째 가운데가 뚫린 삼각형을 S2라고 하고, 세 번째 그림을 S3이라고 할 때, 다음 물음에 답해봅시다.

(가) S1의 둘레의 길이를 a라고 할 때, S2, S3의 둘레의 길이를 a에 대한 식으로 나타내세요.

(나) S1의 넓이를 s라고 할 때, S2, S3의 넓이를 s에 대한 식으로 나타내봅시다.

2)

(가) S1과 S2를 비교합니다.

S1의 전체 삼각형과 S2의 가운데 흰색 삼각형을 보면 흰색 삼각형은 전체 삼각형에 비해 모든 변의 길이가 절반입니다.

따라서 흰색 삼각형의 둘레의 길이는 전체 삼각형의 $\frac{1}{2}$입니다.

S1의 둘레의 길이를 a라 하면 S2의 둘레의 길이는

$$(\text{전체 삼각형의 둘레})+(\text{흰색 삼각형의 둘레})=a+\frac{a}{2}=\frac{3}{2}a$$

이제 S2 와 S3 를 비교합니다.

S3에서 새로 생겨난 삼각형은 하얀색의 삼각형 3개입니다.

이 작은 흰색 삼각형의 하나의 둘레의 길이는 가운데 큰 흰색 삼각형의 둘레의 길이의 $\frac{1}{2}$입니다. (모든 변의 길이가 반이므로)

큰 흰색 삼각형의 둘레의 길이가 $\frac{a}{2}$이므로 작은 흰색 삼각형의 둘레의 길이는 이것의 $\frac{1}{2}$인 $\frac{a}{4}$입니다.

그리고 작은 흰색 삼각형은 3개이므로 S3의 둘레의 길이는

$$(\text{전체 삼각형의 둘레})+(\text{큰 흰색 삼각형의 둘레})+3\times(\text{작은 흰색 삼각형의 둘레})$$

$$=a+\frac{a}{2}+3\times\frac{a}{4}=\frac{3}{2}a+\frac{3}{4}a=\frac{9}{4}a$$

즉, $\frac{3}{2}$이 곱해지는 규칙이 있습니다.

(나) S2는 S1을 4등분 한 것 중 3개가 남아 있으므로 S1의 $\frac{3}{4}$ 넓이를 가집니다.

따라서 $S2 = \frac{3}{4}S$

S3는 S2의 각각의 삼각형을 4등분 한 후, 3개만 남겼습니다.

따라서 S3의 넓이는 S2의 넓이의 $\frac{3}{4}$입니다.

$S3 = \frac{3}{4}S2 = \frac{9}{16}S$

참고로 넓이는 다음 그림으로 갈 때마다 $\frac{3}{4}$이 곱해지는 규칙이 있습니다.

16 하노이 탑

■ 수학영재 핵심 용어 해설 3 : 논리 · 자료와 가능성 영역

하노이 탑이란?

하노이 탑은 1883년 프랑스 수학자 루카스(Lucas)에 의해 고안된 문제인데, 다음 그림과 같이 가운데 기둥을 이용해서 왼쪽 기둥에 놓인 크기가 다른 원판을 오른쪽 기둥으로 옮기는 문제입니다. 이때 원판은 한 번에 한 개씩만 옮길 수 있으며, 작은 원판 위에 큰 원판이 올 수 없다는 조건이 따릅니다.

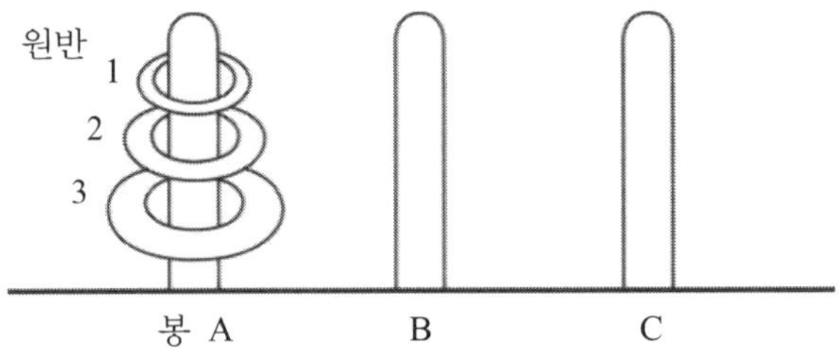

(a) 초기 상태

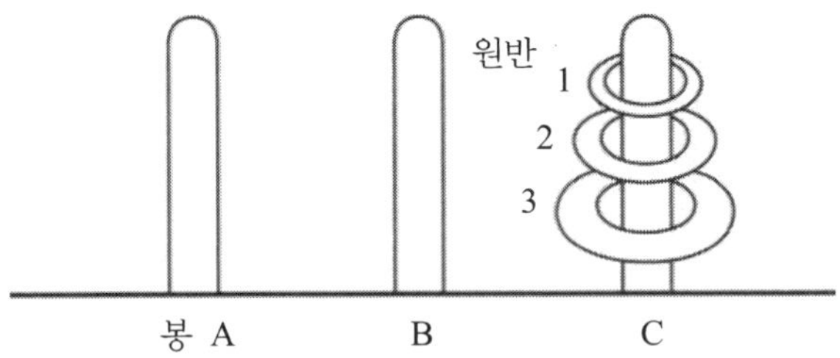

(b) 목표 상태

하노이 탑의 유래

베트남의 수도인 하노이에 있는 불교 사원에는 다음과 같은 이야기가 전해져 내려옵니다. 인도 동쪽에는 베나레스라는 마을이 있고 그곳에는 세계의 중심을 상징하는 아주 큰 브라만교 사원이 있었습니다. 승려들은 이 신성하고 거룩한 성전을 위하여 밤낮으로 기도를 하며 신을 정성껏 모셨습니다. 전설에 따르면 이 사원에는 천지 창조 시에 가운데에 작은 구멍이 뚫린 64개의 금으로 된 원판이 보관되어 있었다고 합니다. 이들 원판은 어느 것도 크기가 같지 않으며, 작은 원판이 큰 원판 위에 오도록 포개어져, 높이가 50cm 정도 되는 다이아몬드로 막대 3개 가운데 한 개에 끼워져 있었다고 합니다.

하지만 점차 승려들은 마을 사람들이 바치는 온갖 재물과 보석에 눈이 멀어 기도를 게을리 하고 타락한 생활을 하기 시작하였습니다. 이를 보다 못한 신은 직접 승려들을 불러 모아 꾸중을 하며 다음과 같이 명령을 하고 사라졌습니다.

“한 번에 하나씩 원판을 옮기되 절대 작은 원판 위에 큰 원판을 두어서는 안 된다. 이렇게 64개의 원판이 모두 다른 막대로 옮겨지면 세상에 종말이 올 것이며, 충실한 자는 상을 받을 것이고 불충실한 자는 벌을 받을 것이다”

하노이 탑 탐구

1. 우선 원판 2개를 옮기는 동작을 살펴봅시다.

<원판 2개의 하노이 탑>

① 왼쪽 기둥에 있는 2개의 원판 중에서 위에 있는 원판을 가운데 기둥으로 옮깁니다.

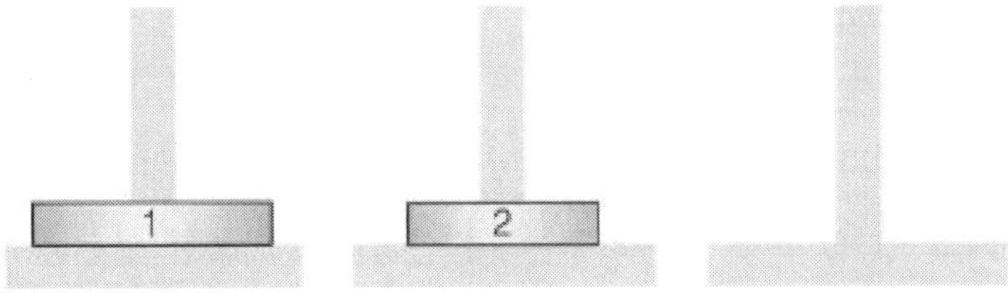

② 왼쪽 기둥에 남아 있는 큰 원판을 오른쪽 기둥으로 옮깁니다.

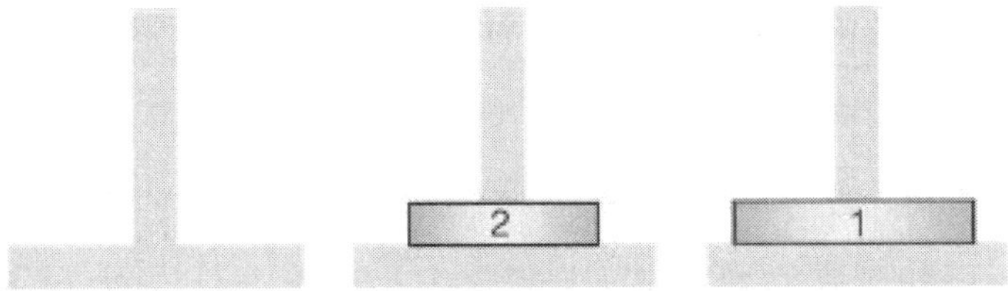

③ 가운데 기둥에 있는 원판을 오른쪽 기둥으로 옮기면 모든 동작이 끝납니다.

2. 다음으로 3개의 원판을 옮기는 동작을 살펴보며 규칙을 세워봅시다.

<원판 3개의 하노이 탑>

① 왼쪽 기둥에 있는 가장 위의 원판을 오른쪽 기둥으로 옮깁니다.

② 왼쪽 기둥 위에 있는 원판을 가운데 기둥으로 옮깁니다.

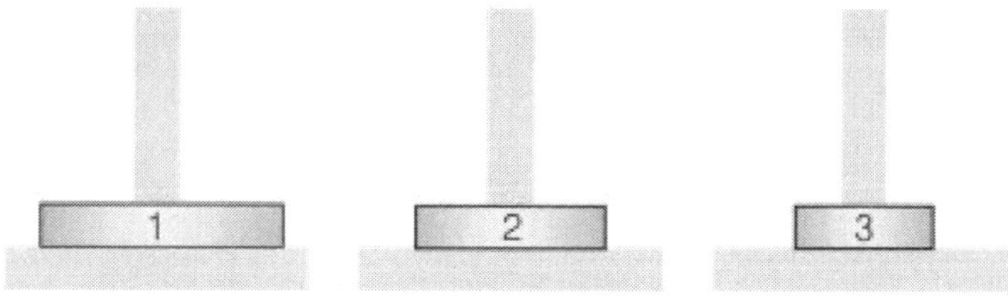

③ 오른쪽 기둥의 원판을 가운데 기둥으로 옮깁니다. 지금까지의 과정을 통해 다음과 같은 첫 번째 규칙을 세웁니다.

<규칙 1> 왼쪽 기둥에서 $(n-1)$개의 원판을 가운데 기둥으로 옮깁니다. 이때 오른쪽 기둥을 이용합니다.

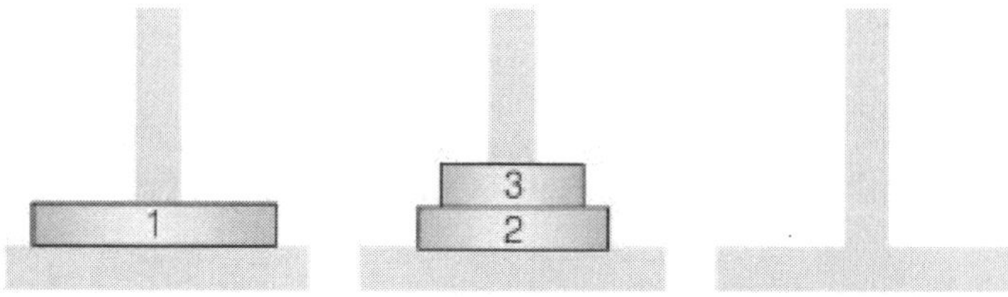

④ 왼쪽 기둥의 원판을 오른쪽 기둥으로 옮기는데, 이것이 두 번째 규칙이 됩니다.

<규칙 2> 왼쪽 기둥의 원판을 오른쪽 기둥으로 옮깁니다.

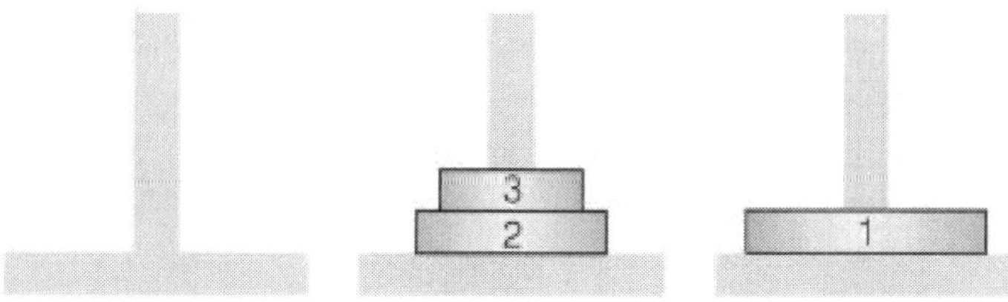

그리고 다음과 같은 세 번째 규칙을 세웁니다.

<규칙 3> 가운데 기둥의 $(n-1)$개의 원판을 오른쪽 기둥으로 옮깁니다. 이때 왼쪽 기둥을 이용합니다.

⑤ 가운데 기둥 위에 있는 원판을 왼쪽 기둥으로 옮깁니다.

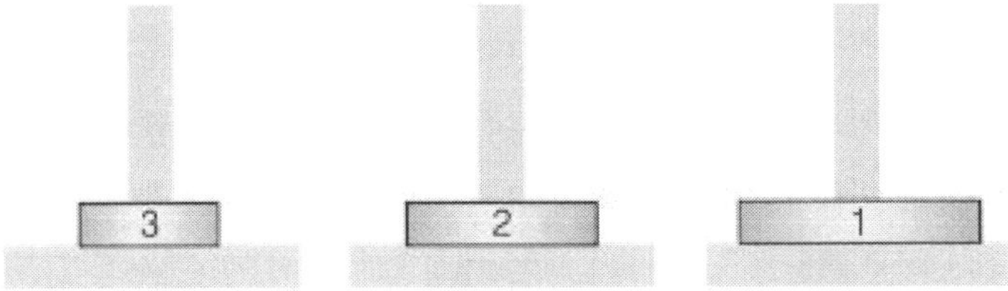

⑥ 가운데 기둥의 원판을 오른쪽 기둥으로 옮깁니다.

⑦ 왼쪽 기둥의 원판을 오른쪽 기둥으로 옮기면 모든 동작이 종료됩니다.

3. 세워진 3개의 규칙을 일반화 한 n개의 원판으로 적용하면 다음과 같습니다.

<원판 n개의 하노이 탑>

① 우선 왼쪽 기둥의 $n-1$개의 원판을 가운데 기둥으로 옮깁니다. 이때 오른쪽 기둥을 이용합니다.

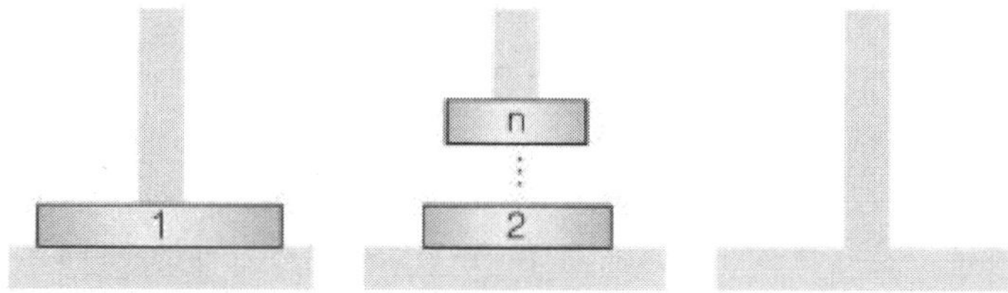

② 왼쪽 기둥의 원판을 오른쪽 기둥으로 옮깁니다.

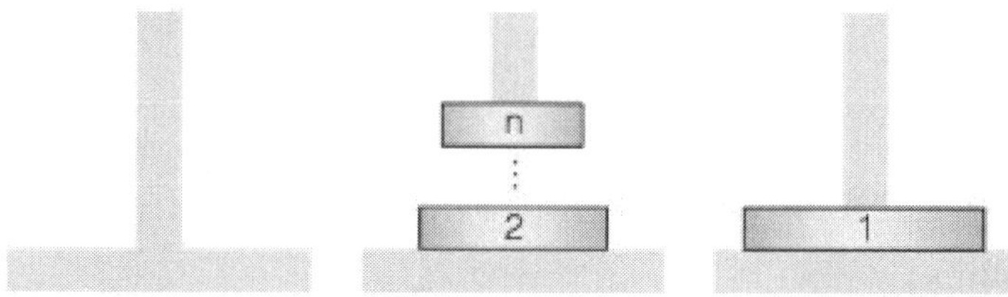

③ 가운데 기둥의 $n-1$개의 원판을 오른쪽 기둥으로 옮깁니다. 이때 왼쪽 기둥을 이용합니다.

4. 승려들이 원판 64개를 모두 옮기는 데 얼마만큼의 시간이 걸릴까요?

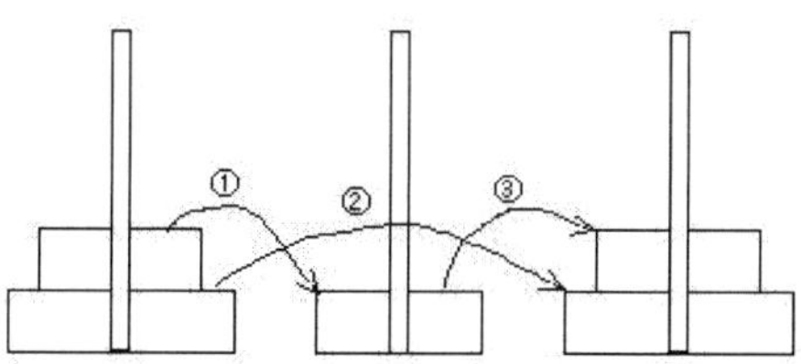

<원판이 2개 있을 때>

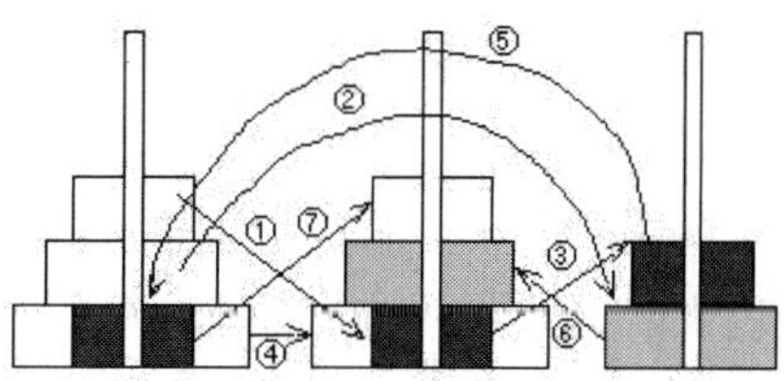

<원판이 3개 있을 때>

원판의 개수가 하나일 경우에는 한 번 만에 이동할 수 있고, 두 개일 때는 세 번 만에, 세 개일 때는 일곱 번 만에 이동할 수 있다는 사실을 쉽게 알 수 있습니다.(단, 원판의 이동 횟수는 최소로 합니다.)

하지만 원판이 네 개일 경우부터는 원판을 이동하는 방법이나 횟수를 아는 일이 쉽지 않습니다. 그러면 원판을 옮기는 횟수에 숨어 있는 규칙성을 찾아봅시다.

원판이 세 개일 경우, 위쪽에 있는 두 개의 원판을 모두 다른 막대로 옮기고 맨 아래 있던 원판을 빈 막대로 옮긴 후 처음 두 개의 원판을 다시 원래 모양대로 쌓아 두면 됩니다. 원판 두 개를 옮길 때 3번의 이동이 필요하므로 총 이동 횟수는 $3+3+1=7$, 7번이 되는 것입니다.

원판이 네 개일 경우에는 원판 세 개를 먼저 이동하고 맨 아래 원판을 빈 막대에 옮긴 후 다시 세 개의 원판을 제자리로 옮기면 됩니다. 그리하여 모두 $7+1+7=15$, 15번의 이동을 하게 됩니다.

그러면 원판이 다섯 개의 경우에는 $15+1+15=31$의 이동이 필요하며 n개의 원판이 이동할 때 필요한 최소 이동횟수를 A_n이라 하면 $A_{n-1}+1+A_{n-1}=2A_{n-1}+1$이라는 식을 얻어낼 수 있습니다.

그리고 1, 3, 7, 15, 31 등으로 진행되는 수의 배열을 자세히 관찰하면 모두 원판의 개수만큼 2를 거듭제곱한 수에서 1씩 모자란다는 사실도 알게 됩니다. 그리하여 결국 64개의 원판을 옮기는 데에 필요한 이동횟수는 2를 64번 곱한 다음 1을 뺀 수$(=2^{64}-1)$입니다.

$$2^{64}-1=18446744073709551615(\text{초})$$
$$=\text{약 } 583334858456(\text{년})=\text{약 } 5833(\text{억 년})$$

즉, 승려들이 원판을 하나 옮기는 데 1초가 걸리고 승려들은 교대로 쉼 없이 하루 24시간, 1년 365일 내내 실수 없이 일을 한다고 가정해도 18446744073709551615초가 걸리는 것입니다.

천문학자들의 말에 의하면 우주의 나이는 약 137억 년, 지구의 나이는 약 46억 년이라고 합니다. 세상의 종말을 우주의 종말로 생각할 때, 이 전설에 의하면 지금으로부터 세상의 종말이 올 때까지는 5833−46=5787(억 년)의 세월이 남아 있습니다. 아마도 우리가 걱정할 필요가 없을 정도로 아득히 먼 미래의 일이 될 것입니다.

Challenge

■ 수학영재 핵심 용어 해설 3 : 논리 · 자료와 가능성 영역

1) 하노이 탑을 옮기는 데 필요한 최소 이동 횟수를 알아봅시다.

(가) 하노이 탑을 옮기는 최소 이동 횟수를 표로 정리하여 봅시다.

원판의 갯수	1	2	3	4	5	……
원판을 옮기는 최소 이동 횟수						

(나) 위의 표를 보고 하노이 탑의 원판을 옮기는 최소 이동횟수를 구하는 방법을 찾아보고 설명하여 봅시다.

2) 하노이 탑 옮기기에 사용할 수 있는 원리를 찾아봅시다.

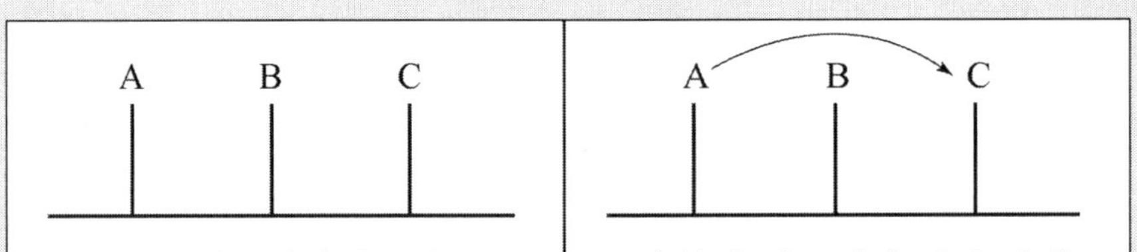

처음 하노이탑의 모습 | (가)의 하노이탑 이동 상태

(가) 처음 A기둥에 있는 원판을 전부 C기둥으로 옮기려면 가장 큰 원판은 어느 기둥으로 옮겨야 할까요?

(나) 이때 다른 원판들은 어느 기둥에 있어야 할까요? 처음 하노이 탑의 모습과 (가)의 옮겨가는 모습을 그림으로 그려보고 비교하여 설명하여 보세요.

(다) 위의 (가), (나)로부터 하노이 탑 옮기기에 필요한 원리를 찾아서 써 봅시다.

(라) 위의 활동을 통해 하노이 탑의 원판을 옮기는 최소 이동횟수를 구하는 방법(식)을 찾아보고 위의 1번 문제에서 찾은 사실과 연결 지어 설명하여 봅시다.

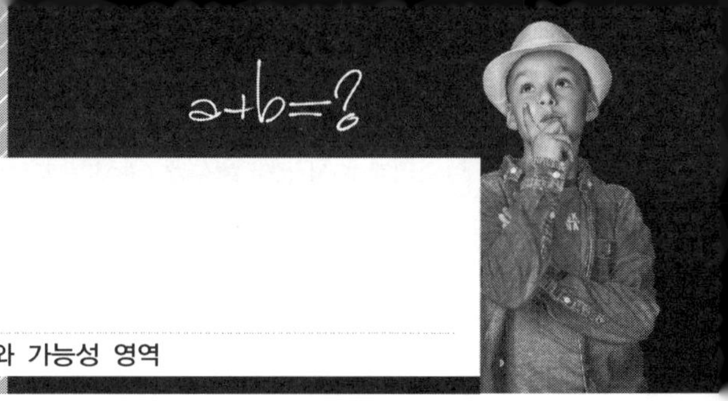

17 한붓그리기

■ 수학영재 핵심 용어 해설 3 : 논리 · 자료와 가능성 영역

한붓그리기란?

한붓그리기(traversable network)는 연필을 종이 위에서 떼지 않고 같은 선을 두 번 이상 지나지 않으면서 어떤 도형을 그리는 것으로, 그래프 이론에서는 오일러 경로(Euler Path)라고도 합니다.

한붓그리기의 유래

한붓그리기 문제는 옛날부터 있었는데, 쾨니히스베르크의 다리 문제가 가장 유명합니다. 쾨니히스베르크의 다리 문제는 프로이센의 쾨니히스베르크(지금의 러시아 칼리닌그라드)에 있는 7개의 다리에 관한 문제입니다. <그림 1>과 같이 프레겔 강에 걸쳐 있는 7개의 다리들을 한 번씩만 건너면서 처음 출발한 위치로 돌아오는 길이 있는가 하는 문제입니다. 이 문제는 1736년에 수학자 오일러(L. Euler)가 불가능하다는 것을 수학적으로 증명하였다고 합니다.

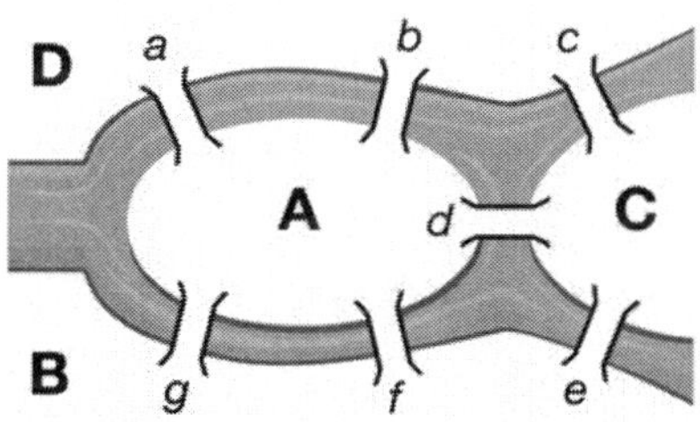

<그림 1>

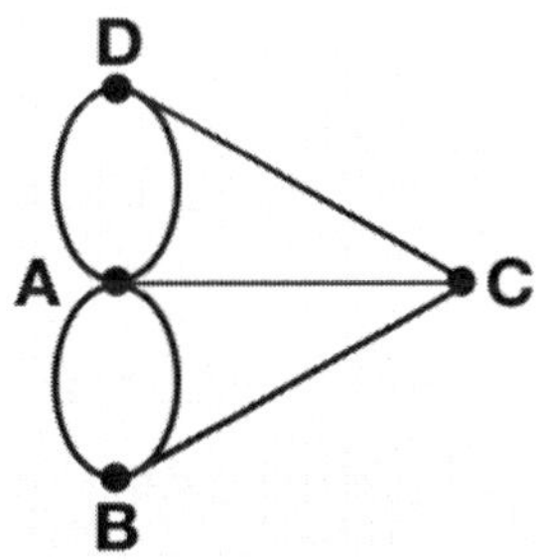

<그림 2>

오일러는 쾨니히스베르크 다리 문제를 <그림 2>와 같이 육지와 섬은 점으로, 다리는 선으로 바꾼 선 도형을 만들어 한붓그리기가 가능한지를 증명한 것입니다. 오일러는 한붓그리기를 할 수 있는 도형의 특징을 다음과 같이 정리하였습니다.

- 홀수점의 수가 0개 또는 2개인 도형만이 한붓그리기를 할 수 있다.
- 홀수점이 0개인 경우는 출발점과 도착점이 일치한다.
- 홀수점이 2개인 경우는 한 홀수점은 출발점이 되고, 다른 홀수점은 도착점이 된다.

따라서 <그림 2>는 홀수점이 4개이므로 한붓그리기가 불가능하다는 것을 알 수 있습니다.

오일러 길과 오일러 순환길 알아보기

1. 다음 도형들이 한붓그리기가 가능한지 알아봅시다.

①
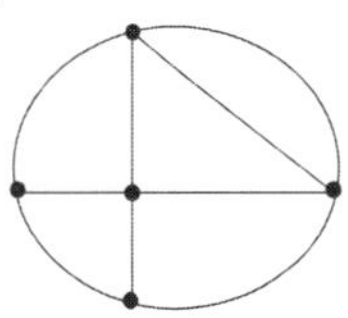

②
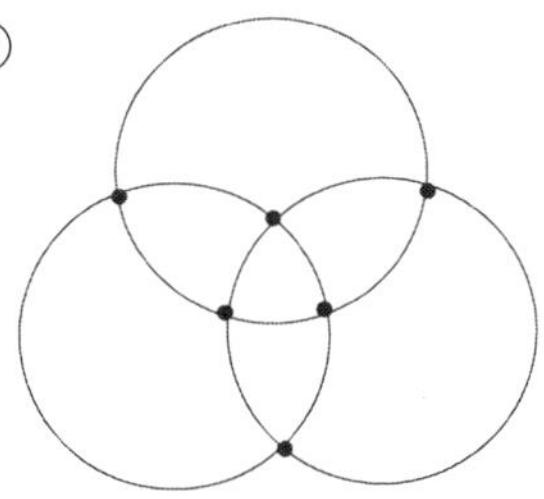

③

④
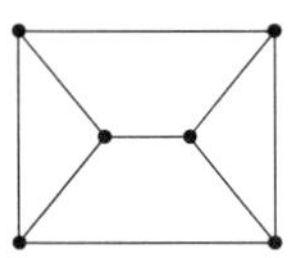

⑤
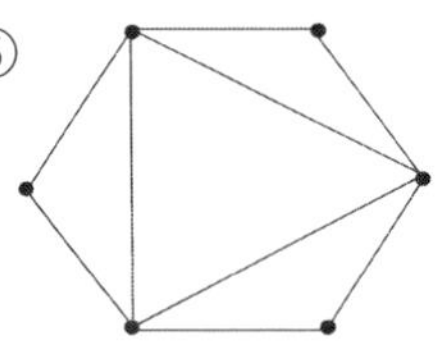

(1) 한붓그리기가 가능한 것은 어느 것인지 찾아봅시다. (①, ②, ③, ⑤)

(2) 위에서 찾은 한붓그리기가 가능한 도형 중에서 출발점으로 되돌아오는 것과 다른 점에서 끝나는 것으로 나누어 봅시다. (출발점으로 되돌아오는 것 – ②, ⑤, 다른 점에서 끝나는 것 – ①, ③)

<보기 1>과 같이 모든 길을 한 번씩만 지나가는 길을 '오일러 길'이라고 합니다. 오일러 길 중에서 <보기 2>와 같이 모든 길을 한 번씩 지나서 다시 출발점으로 되돌아 올 수 있는 길을 '오일러 순환길'이라고 합니다.

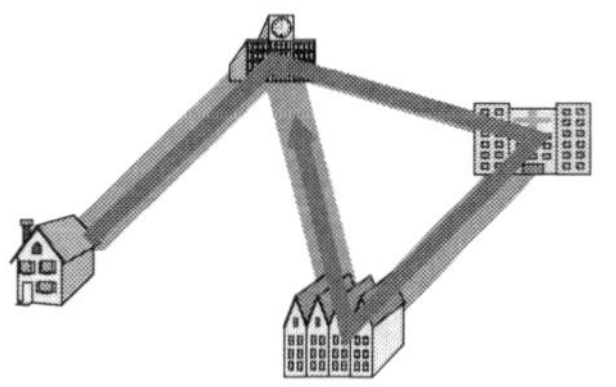

<보기 1> 오일러 길

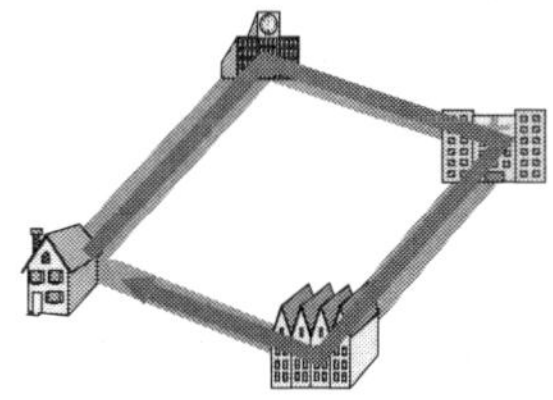

<보기 2> 오일러 순환길

2. 앞의 1번 문제 그림에서 오일러 길과 오일러 순환길을 찾아보고, 그 결과를 표로 나타내면 다음과 같습니다.

번호	각 점에 연결된 선의 수	오일러 길	오일러 순환길	홀수점의 개수	짝수점의 개수
①	3, 4, 4, 4, 3	○	×	2	3
②	4, 4, 4, 4, 4, 4	○	○	0	6
③	2,4,4,4,4,4,2,4,2,2,4,1,2,1	○	×	2	12
④	3, 3, 3, 3, 3, 3	×	×	6	0
⑤	2, 4, 2, 4, 2, 4	○	○	0	6

표의 특징을 정리하면

① 모든 점이 짝수점이면 오일러 순환길입니다.

② 홀수점의 개수가 2개이면 오일러 길입니다.

③ 홀수점이 2개이면 한 홀수점에서 출발하여 다른 홀수점으로 끝납니다.

④ 홀수점이 3개 이상이면 오일러 길이 아닙니다.

⑤ 모든 점이 짝수점이면 오일러 순환길이고, 홀수점이 2개 있으면 오일러 길입니다.

해밀턴 길과 해밀턴 순환길 알아보기

1. 다음 문제를 생각해 봅시다.

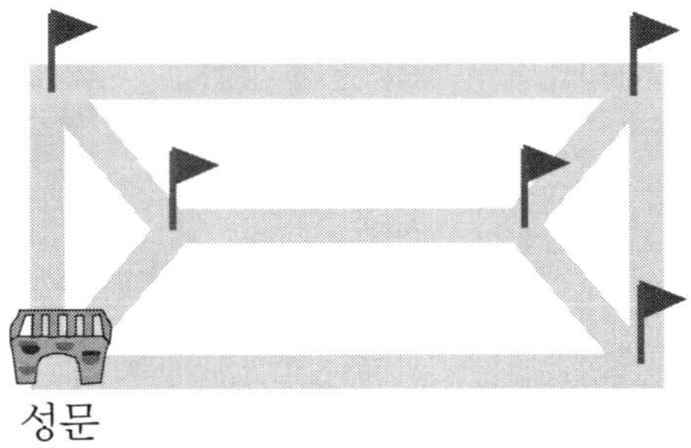

옛날에 어느 용감한 왕자가 백설공주를 구출하러 마녀가 살고 있는 성에 갔습니다. 백설공주를 구하여 성을 탈출하려고 했지만 성문이 굳게 닫혀버려 나갈 수가 없었습니다. 성문을 열려면 다섯 개의 열쇠가 필요한데 각각의 열쇠는 왼쪽의 지도에서 깃발로 표시된 곳에 있습니다. 열쇠가 보관된 각 지점은 열쇠를 빼면 곧바로 무너져 버립니다. 따라서 한 번 지나간 지점은 더 이상 지나갈 수가 없습니다. 성문에서 출발하여 어떻게 지나가야 다섯 개의 열쇠를 모두 모아 성을 무사히 탈출할 수 있을까요?

(1) 위의 그림을 간단히 하여 점과 선으로만 나타내어 봅시다.

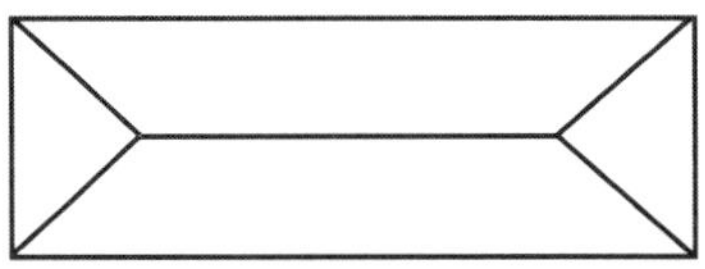

또는

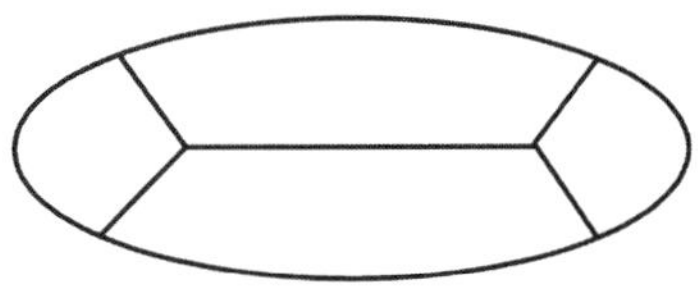

(2) 성문에서 출발하여 열쇠가 있는 지점을 한 번씩만 지나 다시 성문으로 되돌아올 수 있습니까?

☞ 성문에서 출발하여 깃발이 그려진 지점을 모두 한 번씩 통과한 후 성문으로 돌아오는 순환길이 있는지 찾아보면 가능하다는 것을 알 수 있습니다.

(3) 점과 선으로 그린 그림 위에 왕자가 지나간 길을 색연필로 따라 그려 봅시다.

☞ (다음과 같이 여러 가지 경우가 있습니다.)

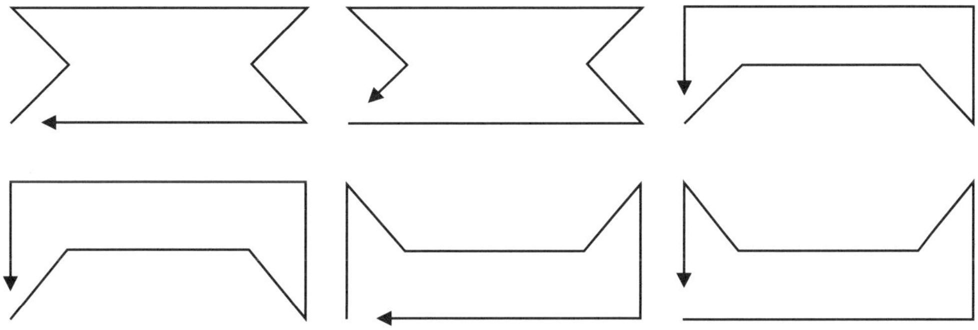

(4) 만약 성문이 다른 위치에 있어도 각 지점을 모두 한 번씩만 지나 다시 성문으로 되돌아올 수 있는지 알아봅시다.

☞ 성문이 다른 위치에 있어도 각 지점을 모두 한 번씩만 지나 다시 성문으로 되돌아 올 수 있습니다.(해밀턴 순환길에서는 어떤 점에서 출발해도 다시 그 점으로 되돌아 올 수 있습니다.)

<보기 1>과 같이 모든 지점을 한 번씩만 지나는 길을 '해밀턴 길'이라고 합니다. 해밀턴 길 중에서 <보기 2>와 같이 모든 지점을 한 번씩만 지나서 다시 출발점으로 되돌아 올 수 있는 길을 '해밀턴 순환길'이라고 합니다.

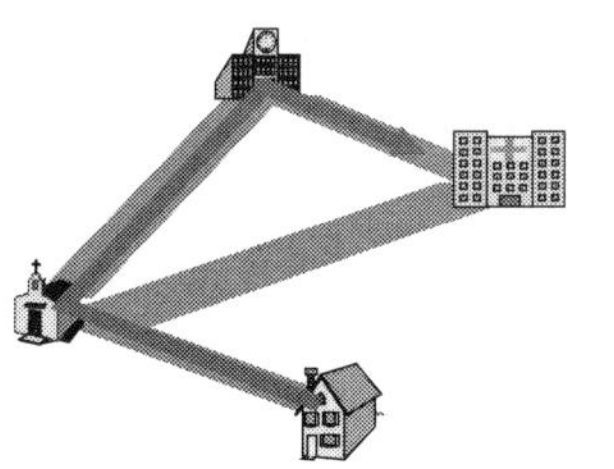

<보기 1> 해밀턴 길

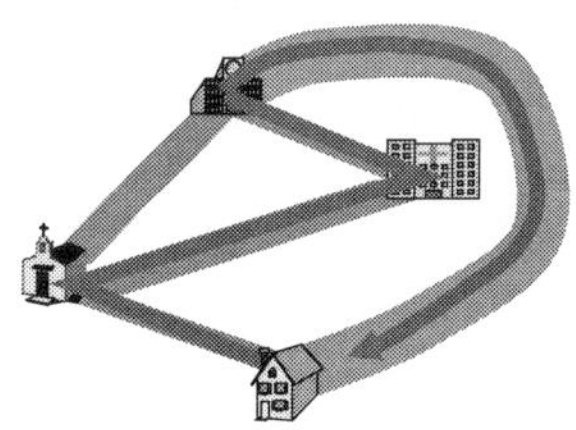

<보기 2> 해밀턴 순환길

2. 다음 그림에서 해밀턴 길과 해밀턴 순환길을 찾아보고, 그 결과를 다음과 같이 표로 나타내어 봅시다.

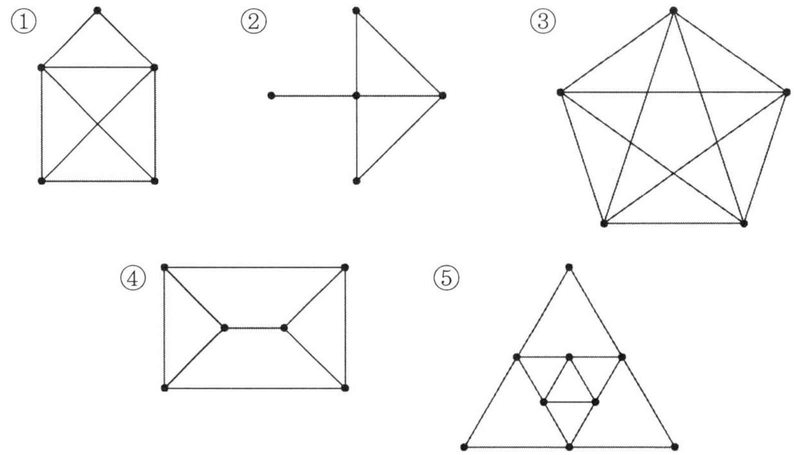

번호	각 점에 연결된 선의 수	해밀턴 길	해밀턴 순환길	최소 두 선의 수의 합	점의 개수
①	2, 4, 3, 3, 4	○	○	2 + 3 = 5	5
②	1, 4, 2, 3, 2	○	×	1 + 2 = 3	5
③	4, 4, 4, 4, 4, 4	○	○	4 + 4 = 8	5
④	3, 3, 3, 3, 3, 3	○	○	3 + 3 = 6	6
⑤	2, 4, 4, 4, 4, 4, 2, 4, 2	○	×	2 + 2 = 4	9

(1) ①~⑤ 중 해밀턴 순환길은 어느 것입니까?

☞ ①, ③, ④

(2) 위의 결과를 통하여 해밀턴 순환길의 특징을 찾아 정리하면 다음과 같습니다.

☞ 해밀턴 순환길이면 해밀턴 길도 됩니다.

최소 두 선의 수 합 ≧ 점의 개수 (최소 두 선의 수 합이 점의 개수 이상)

☞ 오일러 순환길이 존재할 필요충분조건은 모든 점이 짝수점일 경우이고, 오일러 길이 존재할 필요충분조건은 홀수점의 개수가 2개인 경우입니다. 하지만 해밀턴 순환길이 존재할 필요충분조건은 발견되지 않았습니다. 즉, 해밀턴 순환길은 '최소 두 선의 수 합 ≧ 점의 개수'가 성립하지만, '최소 두 선의 수 합 ≧ 점의 개수'라고 해서 모두 해밀턴 순환길인 것은 아닙니다.

3. 화물을 운반하는 트럭이 다음의 지도에 표시된 ㄱ, ㄴ, ㄷ, ㄹ 도시를 모두 한 번씩 방문해야 합니다. 그런데 도로를 지나가려면 지도에 표시된 통행료를 내야 합니다. ㄱ 도시를 출발하여 모든 도시에 물건을 배달한 후 다시 ㄱ 도시로 돌아오기 위해서는 어떤 순서로 각 도시들을 방문하면 통행료를 가장 적게 지불할 수 있을지 찾아봅시다.

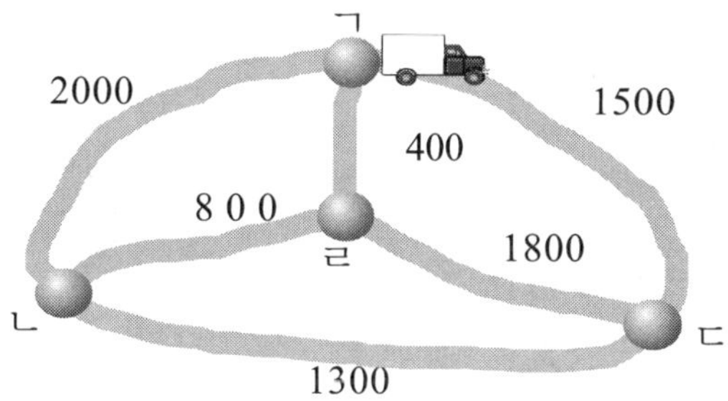

(1) 여러 가지 해밀턴 순환길을 찾고 그때의 통행료를 각각 계산해봅시다.

해밀턴 순환길	통행료(원)
ㄱ－ㄴ－ㄷ－ㄹ－ㄱ	2000＋1300＋1800＋400＝5500
ㄱ－ㄴ－ㄹ－ㄷ－ㄱ	2000＋800＋1800＋1500＝6100
ㄱ－ㄷ－ㄹ－ㄴ－ㄱ	1500＋1800＋800＋2000＝6100
ㄱ－ㄷ－ㄴ－ㄹ－ㄱ	1500＋1300＋800＋400＝4000
ㄱ－ㄹ－ㄴ－ㄷ－ㄱ	400＋800＋1300＋1500＝4000
ㄱ－ㄹ－ㄷ－ㄴ－ㄱ	400＋1800＋1300＋2000＝5500

(2) 가장 적은 비용이 드는 해밀턴 순환길과 그때의 통행료는 얼마입니까?

☞ ㄱ－ㄷ－ㄴ－ㄹ－ㄱ, ㄱ－ㄹ－ㄴ－ㄷ－ㄱ 이며, 그때의 통행료는 4000원입니다.

참고문헌

• 대구교대 영재교육원(2010). 수학영재학습프로그램.

Challenge

■ 수학영재 핵심 용어 해설 3 : 논리 · 자료와 가능성 영역

1) 다음 도형에서 해밀턴 순환길을 찾아 색연필로 표시한 후, 지나간 순서대로 적어봅시다.

①

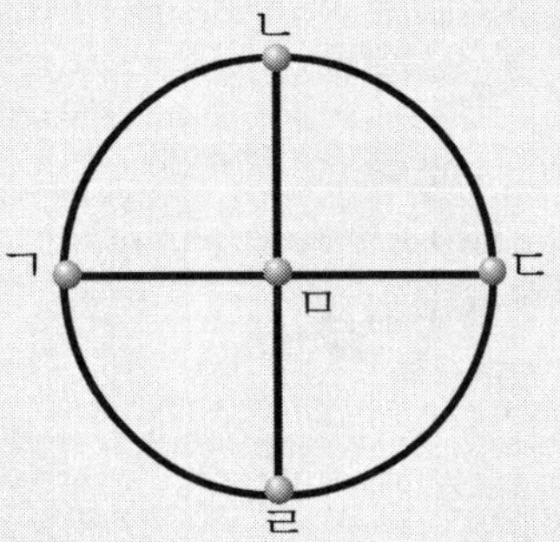

②

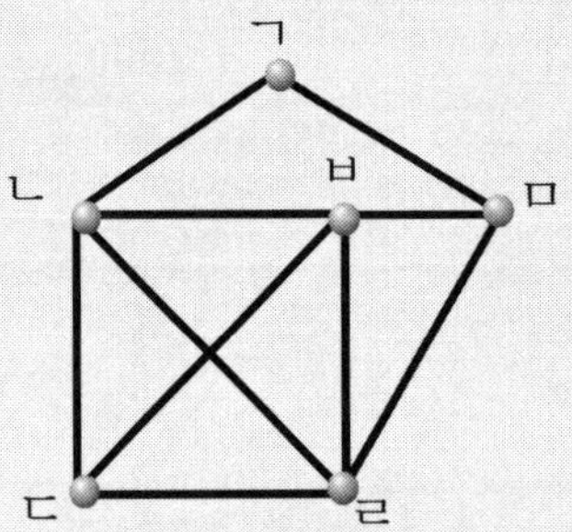

③

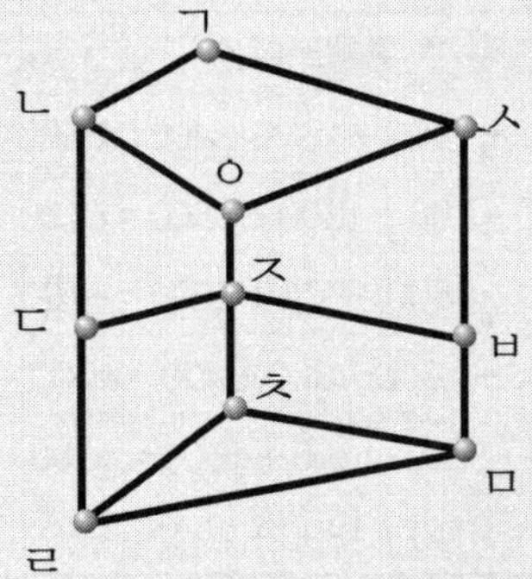

④

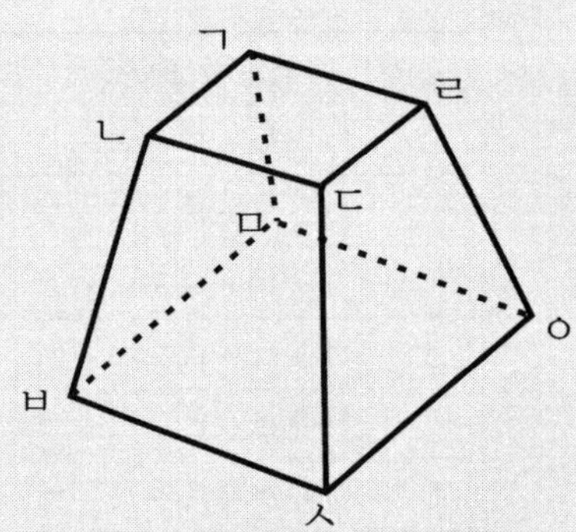

2) 새벽에 우유를 배달하는 직원이 있습니다. 대리점에서 배달할 우유를 받아 A, B, C, D, E, F 지점의 집에 우유배달을 한 후, 대리점으로 다시 돌아가는 데 가장 적은 시간이 걸리는 해밀턴 순환길을 찾아서 적고, 그때 걸린 시간을 구해봅시다. (단, 선 위의 숫자는 걸린 시간(분)을 나타냅니다.)

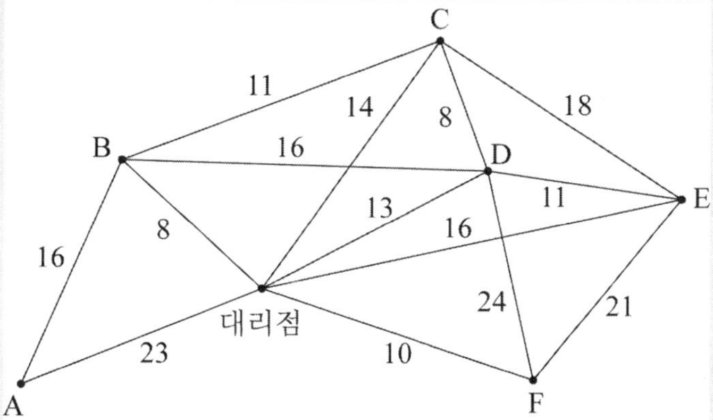

답안지

1) ① ㄱ－ㄴ－ㄷ－ㄹ－ㅁ－ㄱ

② ㄱ－ㄴ－ㄷ－ㄹ－ㅂ－ㅁ－ㄱ

③ ㄱ－ㄴ－ㄷ－ㄹ－ㅊ－ㅁ－ㅂ－ㅈ－ㅇ－ㅅ－ㄱ

④ ㄱ－ㄴ－ㄷ－ㄹ－ㅇ－ㅅ－ㅂ－ㅁ－ㄱ

(이 외에도 가능한 경우가 많이 있음)

2) • 해밀턴 순환길:대리점↔A↔B↔C↔D↔E↔F↔대리점

• 걸린 시간: 100분

18 황금비

■ 수학영재 핵심 용어 해설 3 : 논리 · 자료와 가능성 영역

황금비란?

기원전 300년경 유클리드(Euclid)는 《원론》 제2권에 ‘하나의 선분을 크고 작은 두 개로 나누고, 큰 쪽의 선분을 한 변으로 하는 정사각형의 넓이가 작은 쪽의 선분과 전체 선분으로 된 직사각형의 넓이와 같게 되도록 하라’라는 황금분할의 명제를 다음과 같이 제기했습니다.

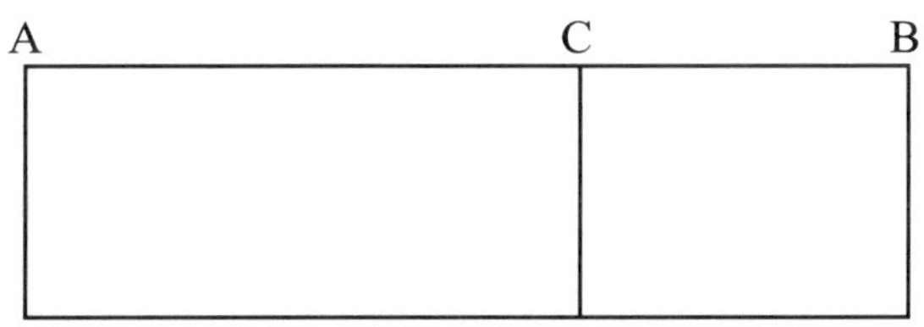

$$\overline{AC}^2 = \overline{AB} \times \overline{CB}$$

$$\text{즉, } \frac{\overline{AB}}{\overline{AC}} = \frac{\overline{AC}}{\overline{CB}}$$

이 식의 의미는 $\overline{AB}$에서

$$\frac{(\text{전체 선분의 길이})}{\text{큰 선분의 길이}} = \frac{(\text{큰 선분의 길이})}{(\text{작은 선분의 길이})}$$

《원론》은 황금비를 다룬 가장 오래된 수학 저서입니다. 황금비는 일반적으로 다음과 같이 정의됩니다.

‘전체길이 : 긴 길이=긴 길이 : 짧은 길이’를 만족하는 분할의 비를 황금비라 합니다. 즉 다음 그림에서

$$1 : x = x : x+1$$

위 식을 정리하여 이차방정식을 풀면

$$x = \frac{1 \pm \sqrt{5}}{2}$$

입니다. 그런데 x는 양수이므로 $x = \frac{1 \pm \sqrt{5}}{2} = 1.618\cdots$이 됩니다. 즉,

$$1 : x = x : x+1 = 1 : 1.618\cdots$$

이 되는데, 이 비를 황금비라 합니다.

황금비는 시각적으로 가장 안정감을 느끼게 해주는 비율인 것입니다.

황금비의 유래

고대 이집트 시대부터 사람들은 자연 속에 내재된 아름다움을 칭송하면서 그 아름다움을 객관적으로 밝혀내기 위해 노력하였습니다. 그와 같은 노력으로 자연 곳곳에 숨어 있는 아름다운 비율(약 1: 1.618)을 찾아내고 이를 이용하였는데, 기원전 299년경에 이집트의 기자(엘리제)에 세워진 거대한 피라미드에서 그 실례를 찾을 수 있습니다.

그리스인들 또한 신전 건축이나 동상, 꽃병, 물 항아리를 제작할 때 이 비율을 구사하여 작품을 만들어 왔습니다. 특히 아테네의 파르테논 신전을 비롯한 여러 가지 건출물에 이 비율을 많이 사용하였습니다.

이 비율을 '황금분할' 또는 '황금비율'이라 하는데 이 명칭은 그리스의 수학자 에우독소스(Eudoxos)에 의해 붙여지게 되었습니다.

중세에 이르기까지 석공이나 화가 등 사원을 건축한 장인들 사이에서 아름다운 모양을 규정하는 이 비율은 비밀리에 전해져 내려왔는데, 이 비를 공개한 사람은 베네치아 출신 승려인 파치올리(Pacioli)였다고 합니다. 그는 1509년, 황금분할에 대해 자신이 느끼는 크나큰 경외심을 나타내기 위하여 이것을 '신성한 비율'이라고 이름을 붙였습니다. 그것을 신에 의해 주어진 비법이라는 뜻으로 오로지 신만을 찬양해야 하던 중세 사람들은 이 비를 신의 의지로 생각하였던 것입니다.

요즈음은 다시 이 비의 값을 황금비라고 합니다. 그렇다면 고대부터 사람들이 이 비율을 '황금비'라고 칭한 이유는 무엇일까요? 황금은 예로부터 시간이 지나도 변하지 않는 그 찬란함과 아름다움의 상징이 되어 왔습니다. 황금은 지역과 시대에 상관없이 변하지 않는 아름다움을 지니고 있어 동서양을 막론하고 항상 어디서나 그 가치를 인정받아 왔습니다. 사람들이 자연 속에서 찾아낸 이 비 역시 황금과 같이 변하지 않는 성질을 가지고 있다고 해서 그 이름을 붙인 듯합니다.

황금비 탐구

[황금비의 작도]

1. 황금비인 선분의 작도

직선에서 황금비인 선분의 작도는 다음과 순서로 작도할 수 있습니다.

(1) $\overline{BC}=\frac{1}{2}\overline{AB}$가 되는 직각삼각형을 그린다.

(2) 꼭짓점 C에서 $\overline{CD}=\overline{BC}$인 점 D를 $\overline{AC}$ 위에 잡는다.

(3) $\overline{PA}=\overline{DA}$인 점 P를 $\overline{AB}$ 위에 잡는다.

(4) 이때 점 P가 $\overline{AB}$를 황금 분할하는 점이다.

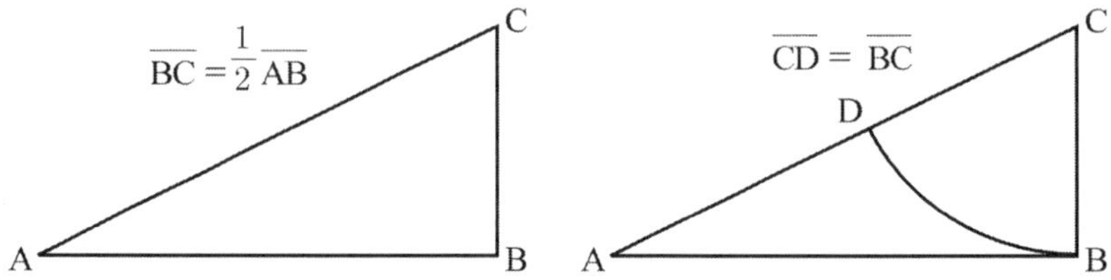

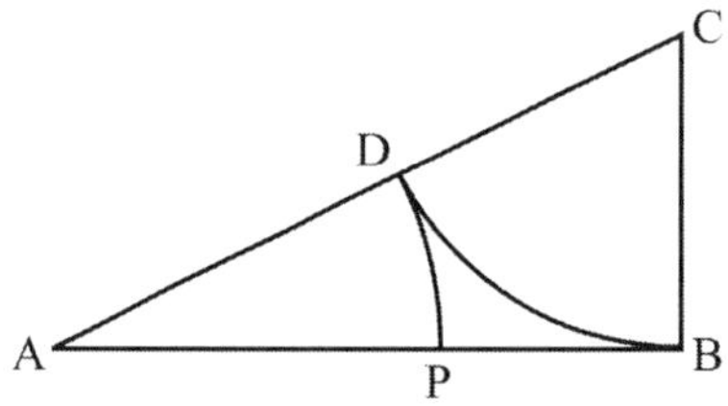

$\overline{PA}=\overline{DA}$

$\frac{\overline{PA}}{\overline{BP}}$ = 황금비

$\overline{AP}:\overline{PB}=(\sqrt{5}-1):(3-\sqrt{5})$에서 $\frac{\overline{AP}}{\overline{PB}}=\frac{1+\sqrt{5}}{2}\fallingdotseq 1.618$

$\overline{AP}:\overline{AB}=(\sqrt{5}-1):2$에서 $\frac{\overline{AP}}{\overline{AB}}\fallingdotseq 0.618$

2. 황금비 직사각형의 작도

황금비 직사각형이란 가로와 세로의 길이의 비율이 황금비인 직사각형으로 다음과 같이 작도합니다.

(1) 길이가 각각 2단위인 정사각형 ABCD를 그립니다.

(2) $\overline{BC}$의 중점 O를 중심으로 하고, $\overline{OD}$를 반지름으로 하는 원과 $\overline{BC}$의 연장선이 만나는 교점 E를 그립니다.

(3) $\overline{AB}$와 $\overline{BE}$를 각각 변으로 하는 직사각형이 황금비 직사각형입니다.

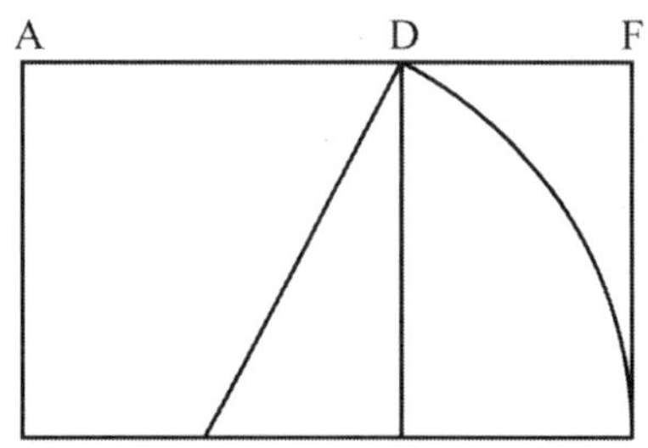

$$\overline{BE} = \sqrt{5}+1,\ \overline{CE} = \sqrt{5}-1$$

$$\frac{\overline{BE}}{\overline{FE}} = \frac{\sqrt{5}+1}{2} \fallingdotseq 1.618,\ \frac{\overline{CE}}{\overline{FE}} = \frac{\sqrt{5}-1}{2} \fallingdotseq 0.618$$

위 두 식은 모두 황금분할의 수 1.618과 0.618이 나오고 직사각형 DCEF도 역시 황금비를 이루는 직사각형입니다.

3. 피보나치 수열과 황금비

$F(0)=1,\ F(1)=1,\ F(n+2)=F(n+1)+F(n)$, (단 n은 0 이상의 정수)로 정의되는 수열을 피보나치수열이라 하는데 이는 황금비와 직접적인 관련이 있습니다. 이 수열의 각 항을 초항부터 나열해보면 다음과 같습니다.

피보나치 수열의 앞항과 뒤항의 비

항	수열	비율	항	수열	비율
F(0)	1		F(9)	55	0.618482
F(1)	1	1	F(10)	89	0.617978
F(2)	2	0.5	F(11)	144	0.618056
F(3)	3	0.666667	F(12)	233	0.618026
F(4)	5	0.6	F(13)	377	0.618037
F(5)	8	0.625	F(15)	610	0.618033
F(6)	13	0.615385	F(16)	987	0.618034
F(7)	21	0.619048	⋮	⋮	⋮
F(8)	34	0.617647	F(n)	⋯	⋯

표에서 값이 커지면서 앞 값과의 비율은 0.618……로 굳어집니다. 이 값은 황금비입니다. 황금비를 정확하게 적으면, $\frac{\sqrt{5}-1}{2}$이므로 황금비는 무리수입니다.

피보나치 수열에서 이어진 두 수 사이의 비율은 수열이 무한대로 전개되면서 황금비에 수렴합니다. 피보나치 수열의 두 수 비율은 정수를 정수로 나눈 것이기 때문에 유리수입니다.

그런데 이 유리수는 수열이 무한대로 전개되면서 황금비라는 무리수가 됩니다. 꽃잎의 수, 해바라기 씨의 배열에서 나타나는 피보나치 수열, 달팽이 껍질이나 나선 은하의 모양에서 나타나는 황금비 기반의 나선은 원래 피보나치 수열과는 각 항의 값이 다릅니다. 그래도 이 새로운 피보나치 수열이 점점 더 크게 전개되면 연속된 두 항의 비율은 황금비를 따라갑니다. 그 이유는 간단합니다. 초기값이 얼마이든지 간에 그 자체가 하나의 단위가 되기 때문에 어차피 수열의 전개 형태는 원래 피보나치 수열의 특성을 따라가기 때문입니다.

참고문헌

• 대구교대 영재교육원(2010). 수학영재학습프로그램.

Challenge

■ 수학영재 핵심 용어 해설 3 : 논리 · 자료와 가능성 영역

1) 황금비 직사각형인 형태의 명함을 이용하여 축구공 골격을 만들어 봅시다.

• 준비물 : 자, 컴퍼스, 명함 3장, 칼

(가) 3장의 명함에서 가로와 세로의 이등분선을 다음 그림과 같이 잘라봅시다.

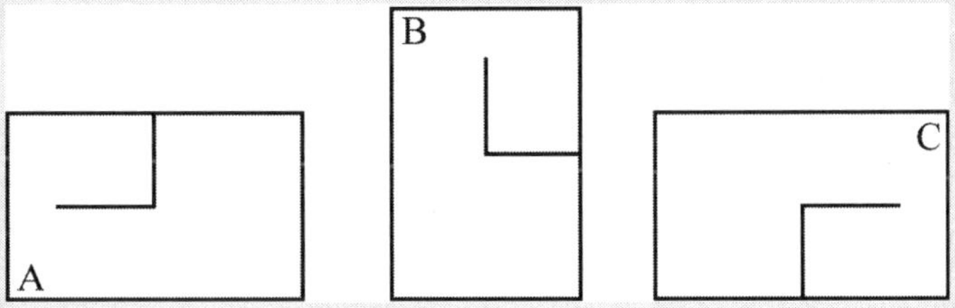

(나) 다음 그림과 같이 3장의 명함을 끼워 입체도형을 완성하여 봅시다.

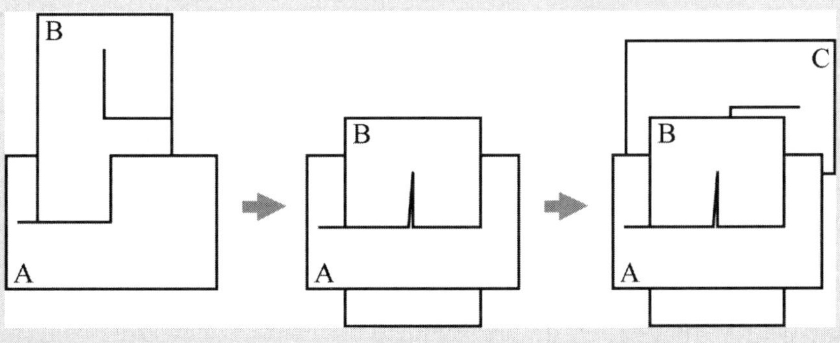

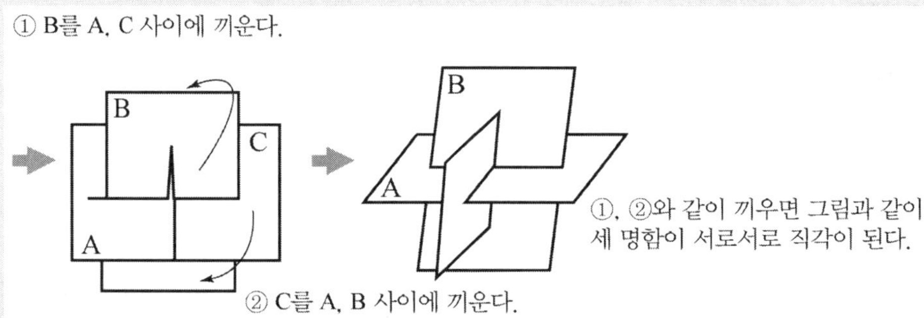

(다) 꼭짓점은 모두 몇 개를 찾을 수 있을까요? 이웃한 꼭짓점들 간의 거리는 어떠한지 자로 재어봅시다. 이웃한 꼭짓점을 모두 연결하면 어떤 입체도형이 될까요?

(라) 미리 준비한 성냥이나 이쑤시개를 황금사각형의 짧은 변의 길이만큼 자른 후, 본드를 묻혀서 황금사각형의 꼭짓점과 꼭짓점을 차례로 연결하여 봅시다.

각 명함의 꼭짓점은 모두 정이십면체의 꼭짓점과 일치합니다. 이것은 명함의 가로와 세로의 길이의 비가 황금비(1:1.618)이기 때문입니다. 이렇게 완성된 정이십면체의 각 모서리를 3등분해서 꼭짓점 부분을 제거하면 축구공 모양의 다면체가 생깁니다. 결국 세 장의 명함으로부터 만들어지는 입체는 축구공의 골격이 됩니다.

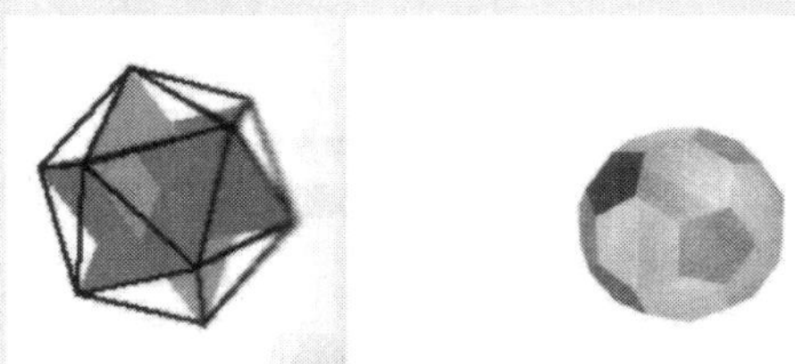

수학영재 핵심 용어 해설 ③
- 논리 · 자료와 가능성 영역

지은이 류성림 · 이종학 · 박기훈 · 지경구
펴낸이 조경희
펴낸곳 경문사
펴낸날 2019년 7월 10일 1판 1쇄
등 록 1979년 11월 9일 제313-1979-23호
주 소 04057, 서울특별시 마포구 와우산로 174
전 화 (02)332-2004 팩스 (02)336-5193
이메일 kyungmoon@kyungmoon.com
facebook facebook.com/kyungmoonsa

값 11,000원

ISBN 979-11-6073-165-1